Wissenschaftliche Reihe Fahrzeugtechnik Universität Stuttgart

Reihe herausgegeben von

André Casal Kulzer, Stuttgart, Deutschland

Hans-Christian Reuss, Stuttgart, Deutschland

Andreas Wagner, Stuttgart, Deutschland

Das Institut für Fahrzeugtechnik Stuttgart (IFS) an der Universität Stuttgart forscht interdisziplinär sowie technologieoffen an modernen und zukunftsorientierten Fahrzeugkonzepten. In enger Zusammenarbeit mit Partnern aus Industrie und Wissenschaft entstehen neue Lösungen für die Mobilität der Zukunft. Das Institut gliedert sich in drei spezialisierte Lehrstühle, die gemeinsam das gesamte Spektrum der Fahrzeugtechnik abdecken: Der **Lehrstuhl für Fahrzeugantriebssysteme** widmet sich der Forschung nachhaltiger Antriebslösungen für künftige Mobilitätskonzepte. Im Fokus stehen alternative, elektrische sowie hybride Antriebssysteme und deren Komponenten – einschließlich der Nutzung nachhaltiger Energieträger wie Wasserstoff, synthetischer Kraftstoffe und Batterien. Der **Lehrstuhl für Kraftfahrzeugmechatronik** beschäftigt sich mit vernetzten, intelligenten und adaptiven Fahrzeugen. Im Zentrum stehen Fragestellungen zum Automatisierten und Vernetzten Fahren, Diagnose, Ladetechnologien, verteilte Systeme sowie softwarebasierte Fahrzeugfunktionen. Der **Lehrstuhl für Kraftfahrwesen** erforscht die physikalischen Grundlagen der Auslegung zukünftiger Fahrzeugkonzepte. Im Mittelpunkt stehen die Bereiche Aerodynamik, Windkanaltechnik, Akustik/NVH, Fahrzeugdynamik, Reifenmanagement und Thermomanagement Gesamtfahrzeug. Das IFS verfügt über eine vielfältige und hochmoderne Forschungsinfrastruktur, die realitätsnahe Untersuchungen vom Einzelbauteil bis zum Gesamtfahrzeug ermöglicht. Besonders hervorzuheben sind der Multikonfigurations- und Antriebsprüfstand für komplexe Antriebskonzepte, der Stuttgarter Fahrsimulator zur Untersuchung menschlichen Fahrverhaltens, der Aeroakustik-Fahrzeugwindkanal für akustische und strömungstechnische Fragestellungen sowie der Thermowindkanal zur Analyse thermischer Prozesse im Gesamtfahrzeug. Die wissenschaftliche Reihe „Fahrzeugtechnik Universität Stuttgart" dokumentiert die im Rahmen von Promotionen am IFS entstandene Beiträge zur Mobilität der Zukunft und zeigt deren thematische Vielfalt, methodische Tiefe und Praxisrelevanz.

Reihe herausgegeben von

Prof. Dr.-Ing. André Casal Kulzer
Lehrstuhl Fahrzeugantriebssysteme
Institut für Fahrzeugtechnik Stuttgart
Universität Stuttgart
Stuttgart, Deutschland

Prof. Dr.-Ing. Hans-Christian Reuss
Lehrstuhl Kraftfahrzeugmechatronik
Institut für Fahrzeugtechnik Stuttgart
Universität Stuttgart
Stuttgart, Deutschland

Prof Dr.-Ing. Andreas Wagner
Lehrstuhl Kraftfahrwesen
Institut für Fahrzeugtechnik Stuttgart
Universität Stuttgart
Stuttgart, Deutschland

Patrick Sayer

Verbesserte Gasdiagnostik im CNG-Motorenentwicklungsprozess

Patrick Sayer
IVK, Fakultät 7, Lehrstuhl für
Fahrzeugantriebe
Universität Stuttgart
Stuttgart, Deutschland

Dissertation Universität Stuttgart, 2024
D93

ISSN 2567-0042   ISSN 2567-0352   (electronic)
Wissenschaftliche Reihe Fahrzeugtechnik Universität Stuttgart
ISBN 978-3-658-50101-3   ISBN 978-3-658-50102-0   (eBook)
https://doi.org/10.1007/978-3-658-50102-0

Die Deutsche Nationalbibliothek verzeichnet diese Publikation in der Deutschen Nationalbibliografie; detaillierte bibliografische Daten sind im Internet über https://portal.dnb.de abrufbar.

Planung/Lektorat: Friederike Lierheimer
Springer Vieweg ist ein Imprint der eingetragenen Gesellschaft Springer Fachmedien Wiesbaden GmbH und ist ein Teil von Springer Nature.
Die Anschrift der Gesellschaft ist: Abraham-Lincoln-Str. 46, 65189 Wiesbaden, Germany

Danksagung

Die vorliegende Dissertation entstand unter der Betreuung von Herrn Prof. Dr.-Ing. Michael Bargende vom Institut für Fahrzeugtechnik der Universität Stuttgart sowie bei der Mercedes-Benz AG am Standort Stuttgart im Bereich Forschung und Entwicklung. An dieser Stelle möchte ich mich bei allen Personen bedanken, die zum Gelingen dieser Arbeit beigetragen haben.

Mein besonderer Dank gilt meinem Doktorvater, Herrn Prof. Dr.-Ing. Michael Bargende, für die vertrauensvolle wissenschaftliche Betreuung und seine stets wertvollen Anregungen. Ebenfalls danke ich Herrn Prof. Dr.-Ing. Christian Beidl sowie Herrn Prof. Dr.-Ing. André Casal Kulzer für die Übernahme des Koreferats und das damit entgegengebrachte Interesse an meiner Arbeit.

Mein herzlicher Dank richtet sich an Herrn Dr.-Ing. Lothar Herrmann sowie Herrn Dr.-Ing. Johannes Ernst, die mir durch zahlreiche Diskussionen Ideen und Anregungen geliefert haben, die mir bei der Bearbeitung der Fragestellung geholfen haben. Herrn Dr.-Ing. Fabian Marko danke ich für die bereichernden fachlichen Diskussionen und die langjährige Freundschaft. Auch für die Unterstützung der Studenten Fabian Hilbert, Willem Mutschler und Karl Planke möchte ich mich freundlich bedanken, deren Abschlussarbeiten ich während dieser Zeit betreut habe und die diese Arbeit bereichert haben. Ein großer Dank gilt zudem der Firma Loccioni sowie der ITB GmbH für die begleitenden Analysen und Simulationen.

Mit großer Verbundenheit denke ich an Dr.-Ing. Thorsten Hergemöller, dessen Freundschaft und herzliche Ratschläge mich auf meinem akademischen und beruflichen Weg nachhaltig geprägt haben.

Zuletzt und von ganzem Herzen möchte ich mich bei meinen Eltern, meiner Schwester, meiner geliebten Frau und unserem Sohn bedanken. Sie haben mich auf diesem langen Weg begleitet, immer an mich geglaubt und bis zuletzt unterstützt. Ohne Ihre Liebe und Ihren Zuspruch wäre diese Arbeit nicht möglich gewesen. Mit großer Dankbarkeit widme ich Ihnen diese Arbeit.

Patrick Sayer

Inhaltsverzeichnis

Abbildungsverzeichnis

Tabellenverzeichnis

Abkürzungsverzeichnis

1D	Eindimensionales System
3D	Dreidimensionales System
AG	Aktiengesellschaft
ATEX	Atmosphères Explosives
AZ1	azimutale Schwingungsmode erster Ordnung
AZ2	azimutale Schwingungsmode zweiter Ordnung
AZ3	azimutale Schwingungsmode dritter Ordnung
BP	Betriebspunkt
bspw.	beispielsweise
C	Kohlenstoff
CFD	Computational Fluid Dynamics
CH_4	Methan
CMOS	Complementary Metal Oxide Semiconductor
CNG	Compressed Natural Gas
CO_2	Kohlenstoffdioxid
CT	Computertomograf
DL	Drehlage
EU	Europäische Union
EZ	Einzylinder Laboraufbau
FFT	Fast Fourier Transformation
ggf.	gegebenenfalls
H	Wasserstoff
H1	longitudinale Schwingungsmode erster Ordnung
H2	longitudinale Schwingungsmode zweiter Ordnung
H3	longitudinale Schwingungsmode dritter Ordnung
H4	longitudinale Schwingungsmode vierter Ordnung
HC	Kohlenwasserstoff
HD	Hochdruckseite
He	Helium
ISO-Fläche	geometrische Oberfläche in der Simulation mit speziellen Eigenschaften
LabVIEW	Laboratory Virtual Instrumentation Engineering Workbench

Laser	light amplification by stimulated emission of radiation
LED	light-emitting diode
MIV2	Variable Magnetendstufe Zwei
MSG	Motorsteuergerät
N_2	Stickstoff
ND	Niederdruckseite
Nfz	Nutzfahrzeug
PTFE	Polytetrafluorethylen
PK	Messkammerdruck, Messkammerdruck
Pkw	Personenkraftwagen
PMEFF	effektiver Mitteldruck
PR	Raildruck
R1	radiale Schwingungsmode erster Ordnung
RV	Railvolumen
vgl.	vergleiche
VM	Vollmotor Laboraufbau

Zusammenfassung

Die Ausrichtung der Automobil- und Nutzfahrzeugindustrie in Bezug auf zukünftige Antriebstechnologien wird maßgeblich von gesetzlichen Rahmenbedingungen und gesellschaftlichen Fragestellungen beeinflusst. Ein zentraler Fokus liegt dabei auf der Emissionsreduzierung, die Gegenstand zahlreicher Diskussionen ist, in denen sowohl Schadstoffgrenzwerte als auch CO_2-Flottenverbrauchsziele berücksichtigt werden. Antriebstechnologien auf Basis von komprimiertem Erdgas (CNG) bieten in beiden Fällen die Möglichkeit, individuelle Mobilität nachhaltig zu gestalten.

Die Diversifikation der Antriebstechnologien und die steigende Entwicklungskomplexität, bei gleichzeitig begrenzten Ressourcen, erfordert effiziente Entwicklungsprozesse. Durchgängige Analysewerkzeuge, die von der Komponentenauslegung bis zur Systembewertung reichen, gewinnen daher für die Antriebsentwicklung an Bedeutung und sind entscheidend für die Wettbewerbsfähigkeit einzelner Technologien.

Innerhalb des CNG-Motorenentwicklungsprozesses zeigt sich im Besonderen der Bedarf an tiefgreifenden Analyseverfahren des Einblasesystems, da dieses über den Gemischbildungsprozess eine wesentliche Bedeutung am Gesamtsystem des CNG-Verbrennungsmotors hat. Das Einblasesystem unterscheidet sich in seinen Eigenschaften grundlegend von konventionellen Diesel- und Otto-Einspritzsystemen und bietet große Potentiale zur Optimierung.

Der Fokus dieser Arbeit richtet sich auf die Bewertung und Verbesserung der Gasdiagnostik für den CNG-Motorenentwicklungsprozess. Hierzu werden Analyseverfahren wie die "Shot-to-Shot" Massenmessmethode und die Sprayanalyse mittels Hochgeschwindigkeitskameras eingesetzt und hinsichtlich deren Einbindung in die Toolkette der CNG-Motorenentwicklung verbessert.

Das Shot-to-Shot Massenmesssystem AirMexus bietet in dieser Arbeit die Grundlage für die tiefergehende Analyse von CNG-Einblasevorgängen, wenngleich das zugrundeliegende Messprinzip Rückkopplungen auf die Gaseinblasung mit sich bringt. Aus diesem Grund wurde eine detaillierte Analyse der

Einflussfaktoren außermotorischer Massendiagnostik auf Einblasevorgänge durchgeführt und das Massenmesssystem AirMexus grundlegend verbessert. Auf Basis der Ergebnisse wurde ein variables Laborkonzept entwickelt und diese konsequent in Bezug auf den Übertrag auf motorische Untersuchungen optimiert.

Für die Sprayanalyse mittels Hochgeschwindigkeitskameras kommt ein Schlieren-Messaufbau zum Einsatz. Die optische Sprayanalyse von Gasstrahlen bietet spezielle Herausforderungen bei der Bildaufbereitung sowie einer kennzahlbasierten Analyse. Mittels einer optimierten Bildaufbereitung und entwickelter Algorithmen können Bilder einer Gaseinblasung in Kennzahlen überführt werden und so die Basis für den Abgleich von Simulationen geschaffen werden.

Die in der Laborumgebung verbesserte Gasdiagnostik wird im Rahmen dieser Arbeit mit zentralen Elementen der Entwicklungstoolkette wie Simulation, Funktionsentwicklung und Vollmotorversuch verknüpft und abgeglichen. Die Ergebnisse und die erzielte Übertragbarkeit zwischen außermotorischen Analyseverfahren und motorischen Versuchen stellen die Bedeutung verbesserter Gasdiagnostik heraus und bieten die Basis für eine effiziente und zielgerichtete CNG-Motorenentwicklung.

Abstract

The alignment of the automotive and commercial vehicle industry regarding future powertrain technologies is significantly influenced by legal frameworks and societal questions. A central focus lies on emission reduction, which is the subject of numerous discussions considering both pollutant limits and CO_2 fleet consumption targets. In this context, Compressed Natural Gas (CNG) powertrain technologies offer the opportunity to make individual mobility more sustainable.

The Paris Climate Agreement stands as a landmark aimed at combating climate change. Its central objective is to limit global warming to well below 2 degrees Celsius above pre-industrial levels, with efforts directed towards achieving a more ambitious target of 1.5 degrees Celsius. The automotive industry, as a significant contributor to global emissions, finds itself under increasing pressure to align with the objectives outlined in the Paris Agreement. One aspect of contributing to the reduction of global emission is focusing on drivetrain technologies. Central to ongoing discussions is the need to reduce emissions, with a focus on meeting emission limits and CO_2 fleet consumption targets. Therefore, the strategic direction of the automotive and commercial car industry regarding upcoming drive technologies is significantly influenced by legislative frameworks and socio-political considerations. Within this context, compressed natural gas (CNG) presents a promising avenue for achieving sustainable individual mobility. Due to its chemical properties, CNG offers a CO_2 reduction potential of about 25 % and thinking of renewable methane, it offers even greater chances of reducing greenhouse gas emissions.

The diversification of powertrain technologies and the increasing development complexity with limited resources require efficient development processes. End-to-end analysis tools, ranging from component design to system evaluation, are therefore becoming increasingly important and are crucial for the competitiveness of individual technologies.

In the field of the CNG engine development process, there exists a particular necessity for thorough analysis of the gaseous injection system. The injection system is recognized to have a big influence on the overall performance of the CNG combustion engine, primarily through its role in the mixture formation process. The characteristics of gaseous injection systems differ significantly from those of conventional diesel and gasoline combustion engines, giving various opportunities for optimization. The current CNG engine development process primarily emphasizes full-scale engine testing. However, gas diagnostic analyses typically rely on cumulative measurement techniques. In contrast, diesel and gasoline development processes have already integrated diagnostic tools that concentrate on injection rate and mass measurement systems as well as optical spray geometry.

This publication focuses on improved gas diagnostic tools and their integration in the CNG engine development process. Specifically, it focuses on shot-to-shot injection rate and mass measurement methods as well as the optical spray analysis via high speed Schlieren imaging. Leveraging existing measurement tools as a basis, the approach for gas diagnostic tools is refined and adapted to fit the special demands of the CNG engine development. Furthermore, the out-of-engine tests are evaluated and integrated into the process of CNG engine development, encompassing simulation and full engine testing.

In the course of this work, a basic understanding of high dynamic injection processes was established. Based on the principles of fluid mechanics, the main influencing factors for gas injections could be identified. In addition to the injector itself, factors such as temperature, the test medium, rail pressure, and back pressure affect the injection process. The injector primarily affects the gas injection process and is the focus of gas diagnostic evaluations. The other influencing factors represent a specific challenge when transferring out-of-engine studies to engine experiments, which is why a special laboratory concept was developed in the framework of this work. The laboratory concept has been developed from scratch as a variable concept for gas diagnostic analysis. Within the scope of this work, various new developments were made for the variable laboratory concept, including the conditioning unit in relation to temperature, a variable gas rail to vary the rail volume and to realize a special full motor design. The advanced laboratory concept represents the current state of art and offers the highest standards for reproducible diagnostic analyses of gas flows. Based on this laboratory setup, fundamental gas diagnostic analyses were conducted using the AirMexus shot-to-shot injection rate and mass measuring device as well as a Schlieren setup for optical spray analysis.

The measurement of injection rate and mass in CNG injection systems presents a significant challenge, extensively investigated in this study. Dynamic rate and mass measurements were conducted using the AirMexus measurement system developed by Loccioni. However, the out-of-engine rate and mass measurement system, AirMexus, showed notable limitations in terms of conditions relevant to engine investigations, which is why further investigations were carried out in this work. Through a comprehensive influence analysis, various factors that influence the gaseous injection were identified, including chamber pressure, rail pressure, electrical control, and temperature.

The chamber pressure emerged as a key limiting factor, with the AirMexus chamber volume identified as crucial. To mitigate this influence, the chamber volume was nearly doubled, which brought undesired effects such as chamber resonances that negatively influenced the signal quality for the injection mass detection. A redesign of the AirMexus chamber was inevitable to enhance measurement quality. An oscillation-optimized chamber was developed based on a cylindrical geometry, following an extensive empirical study to define the best chamber setup. The increased chamber volume minimized the feedback of pressure rise on the gas flow during injection, facilitating the transferability of out-of-engine gas diagnostics to engine analyses. Furthermore, the chamber redesign reduced the impact of pressure rise on injector closure behavior, identifying effective forces at the injector influencing its operation.

The influence of rail pressure was also examined, underlining its effects on gas flow and dynamic injector operation. In addition to pressure conditions, the impact of differences regarding the electrical injector activation on the injection rate and mass was investigated, revealing high compatibility between laboratory controllers and engine control units. The variable laboratory setup offered the chance to variate the gas temperature between 15 and 40 degrees

Celsius via heat exchanger. Within this range the temperature effects on injection rate and mass were analyzed, highlighting influences through gas density and temperature-dependent injector behavior. Lastly, the influence of single-cylinder and four-cylinder laboratory setups on injection processes, injection rate and mass were examined, demonstrating the suitability of single-cylinder analysis for transferring out-of-engine results to engine analyses.

The study of gas injection processes using the Schlieren method for optical spray analysis represents a major challenge in the gas diagnostics analysis of CNG injectors. This technique allows the visualization and quantification of gas flow dynamics, helping in the optimization of injection systems for improved performance. In this research, particular attention was paid to refining the Schlieren setup to increase the quality and level of detail of the Schlieren images and thus enable the optical analysis of gas injections. By particularly adjusting parameters such as exposure time and Schlieren aperture settings, an optimum configuration for the Schlieren setup was achieved. This optimization process involved iterative adjustments to reach a balance between capturing sufficient light intensity for clear visualization and minimizing background noise.

One notable enhancement in the Schlieren setup was the adjustment to a brightness level of 50%. This adjustment significantly improved sensitivity, allowing for the detection of both light enhancements and reductions caused by the interaction of light rays with the gas streams. High-speed cameras were used to capture the rapid transient phenomena of the gas spray, providing valuable insights into the dynamic behavior of the gas injections.

To complement the Schlieren experiments, advanced image processing techniques were employed. Schlieren images were normalized to a consistent brightness level and afterwards processed into binary images. This image processing step facilitated the extraction of key parameters essential for quantitative analysis, such as the spray penetration depth, the spray opening angle, and the spray width. These parameters serve as key indicators for characterizing the geometry of the gaseous injection.

Based on the refined experimental setup and image processing techniques, a comprehensive study involving test medium variation was conducted. This study aimed to investigate the influence of different test media, including nitrogen, helium, and methane, on the optical evaluation of gas injection processes. The analysis revealed distinct behaviors among the test medium, particularly in terms of penetration depth. These variations were attributed to differences in the speed of sound and other thermodynamic properties of the medium.

Based on the findings, methane emerged as the desired test medium for the transfer of out-of-engine spray analyses of CNG injectors. Even if helium offers better optical properties for the Schlieren analysis, methane is the preferred test medium, based on its closer alignment with the full-engine tests. Furthermore, the flexible laboratory concept provided a robust platform for conducting optical spray diagnostic investigations using methane under safe conditions. This ensured the reliability and reproducibility of results, essential for the validation and development of CNG injection systems. Overall, the extensive dataset obtained through test medium variation studies serves as a valuable foundation for further investigations, including 3D CFD simulation. By deepening our understanding of gas injection processes, this research contributes to the ongoing optimization of gas injection systems.

The integration of improved gas diagnostics into the CNG engine development process represents a significant advancement aimed at improving the performance and efficiency of these engines. In this context, simulation models were constructed to analyze the details of high dynamic injection processes. To have a qualitative assessment and validation of the simulation models, a correlation between Schlieren images and simulation models based on the previously developed key parameters was carried out. For this purpose, a crucial step was the calibration of the simulation model, utilizing density concentration to replicate the sensitivity of the Schlieren setup.

The results shown in this thesis demonstrated high consistency between the key parameters derived from optical spray analysis and simulation data, even regarding the variation of test media. The approach to align out-of-engine optical spray analyses with 3D-CFD simulation models holds great promise for validating these models in the CNG engine development process. Furthermore, those simulation models were used to validate the measurement approach of the AirMexus injection rate and mass measurement system by simulating a gas injection with respect to real gas conditions and behavior. The simulation results revealed a negligible influence of the real gas conditions on the AirMexus injection rate and mass measurement system and highlighted the reliability of this system.

In addition to the 3D CFD simulation there were full-engine tests utilized for aligning the measurement results determined by the improved injection rate and mass measurement system AirMexus. Excellent agreement was observed in many areas between out-of-engine and full-engine experiments. However, larger discrepancies were noted under more dynamic operating conditions, underlining the need for a better understanding of the relevant requirements from full-engine tests.

To conclude, an approach for evaluating gas injectors was developed based on the theoretical concept of an ideal injector. This approach enables the comparison of different injector concepts and their objective evaluation using specific values. Overall, this approach holds significant potential for advancing gas injector development and optimizing their application within the engine development process.

The results of this study form the basis for integrating improved gas diagnostic tools, such as injection rate and mass diagnostics as well as optical spray diagnostics into the tool chain of the CNG engine development process. The improved gas diagnostics and newly developed analysis approaches are now slated for implementation in simulation and engine testing domains, aiming to leverage the potential of resource-efficient development of CNG engines. To further enhance the transferability of extramural to engine tests, iterative loops and comparisons with engine tests are essential.

Given the fundamental essence of this research, the improved gas diagnostics, findings, and innovative approaches can be extended and utilized to various types of gaseous injection systems, including hydrogen-based ones.

1 Einleitung

Klimaneutrale Mobilität ist eine der zentralen Herausforderungen in Bezug auf den Klimawandel und unweigerlich Gegenstand im intensiven, politischen, gesellschaftlichen, wirtschaftlichen und technischen Diskurs.

Das Pariser Klimaabkommen formuliert das globale Ziel die Erderwärmung, im Vergleich zum vorindustriellen Niveau, unter 2 °C zu halten. Entsprechend der Übereinkunft sind weitere Anstrengungen zu unternehmen, um den Anstieg auf 1,5 °C zu beschränken und damit die Risiken und Folgen des Klimawandels zu mindern. Zur Erreichung der Temperaturziele hat sich die Europäische Union das verbindliche Ziel gesetzt, die gesamtwirtschaftlichen Treibhausgasemissionen, auf Basis der Emissionswerte aus dem Jahr 1990, bis 2030, um mindestens 40 % zu senken. [1]

Der europäische Grüne Deal ist das Bekenntnis der Europäischen Union zum Klimaschutz, mit dem Ziel im Jahre 2050 keine Netto-Treibhausgasemissionen mehr freizusetzen und das Wirtschaftswachstum von fossilen Ressourcen zu entkoppeln. Dabei wird dem Verkehrssektor mit einem Viertel der jährlichen Treibhausgasemissionen eine zentrale Bedeutung zugeordnet. Zum Erreichen der übergeordneten Klimaziele müssen bis 2050 die verkehrsbedingten Emissionen um 90 % gesenkt werden. [2]

Der CO_2-EU-Flottengrenzwert für Personenkraftwagen und leichte Nutzfahrzeuge wurde im Jahr 2020 auf 95 g CO_2/km, ermittelt nach Neuem Europäischen Fahrzyklus, bzw. 147 g CO_2/km festgelegt. Bis 2030 sind weitere Verschärfungen der CO_2-Flottenziele um 37,5 % für Pkw bzw. 31,0 % für leichte Nfz in Bezug auf das Jahr 2021 verordnet. [3] Im gleichen Zeitraum treten auch für schwere Nfz CO_2-Emissionsreduktionszielvorgaben in Kraft. [4]

Im Bundes-Klimaschutzgesetz aus dem Jahr 2021 sind maximal zulässige Jahresemissionsmengen für den Verkehrssektor bis zum Jahr 2030 festgelegt, die im Projektionsbericht des Umwelt-Bundesamts von 2023 über steigende Anteile bei der Neuzulassung von batterieelektrischen Fahrzeugen [5] erreicht werden sollen.

P. Sayer, *Verbesserte Gasdiagnostik im CNG-Motorenentwicklungsprozess*,
Wissenschaftliche Reihe Fahrzeugtechnik Universität Stuttgart,
https://doi.org/10.1007/978-3-658-50102-0_1

Neben elektrischen Antriebslösungen können alternative Kraftstoffe mit günstigem Wasserstoff-Kohlenstoff-Verhältnis (H/C) wie zum Beispiel Erdgas oder Wasserstoff eine wichtige Alternative im Mix zukünftiger Antriebsarten darstellen. Allein das günstigere H/C Verhältnis von Erdgas zu Benzin bietet ein CO_2-Reduktionspotenzial von etwa 25%. [6]

Durch die Herstellung von synthetischem Erdgas aus grünem Strom kann der Beitrag zur Dekarbonisierung perspektivisch noch weiter gesteigert werden. [7] Synthetischem Erdgas wird in der Energiewende eine große Bedeutung zugewiesen, da es als eine Art der Speicherung für regenerativ erzeugten Strom dient. Oftmals kritisierte Wandlungsverluste im Herstellungsprozess von synthetischem Erdgas müssen unter dem Aspekt betrachtet werden, dass Power-to-Gas Anlagen zur Netzstabilität beitragen und das Abschalten großer Stromerzeugungsanlagen somit verhindern. [8]

Nicht zuletzt zeigen die intensiven und inhaltlich komplexen Diskussionen zur Abgasgesetzgebung Euro 7 die besonderen Herausforderungen bei der gesetzlichen Regulierung von Antriebssystemen. [9] Auch bei der immer weiteren Verschärfung der Emissionsnormen bietet komprimiertes Erdgas (CNG), durch die weitgehend rußarme Verbrennung, das Potenzial ohne komplexe Abgasnachbehandlungssysteme Emissionsregularien zu erfüllen. [6]

Obwohl Gasverbrennungsmotoren viele Vorteile bieten, stehen sie auch vor Herausforderungen, denn sie unterscheiden sich in einigen technischen Aspekten von herkömmlichen Benzin- oder Dieselmotoren. Sie erfordern spezifische Kraftstoffsysteme und Anpassungen an der Motorsteuerung, um eine optimale Leistung zu erzielen. Trotzdem bieten sie vergleichbare Leistungsniveaus und können in verschiedenen Fahrzeugtypen eingesetzt werden, von Personenkraftwagen bis hin zu Nutzfahrzeugen. [6]

Um das CO_2- und Emissions-Reduktionspotenzial von gasförmigen Kraftstoffen wie Erdgas oder Wasserstoff in Verbrennungsmotoren vollständig nutzen zu können, ist ein tiefreichendes Verständnis über die innermotorischen Prozesse nötig, wozu die vorliegende Arbeit einen Beitrag leistet.

Innerhalb des CNG-Motorenentwicklungsprozesses zeigt sich im Besonderen der Bedarf an tiefgreifenden Analyseverfahren des Einblasesystems, da diesem über den Gemischbildungsprozess eine wesentliche Bedeutung am

Gesamtsystem des CNG-Verbrennungsmotors zugeschrieben wird. Das Einblasesystem unterscheidet sich in seinen Eigenschaften grundlegend von konventionellen Diesel- und Otto-Einspritzsystemen und bietet große Potentiale zur Optimierung. Mit der vorliegenden Arbeit sollen bestehende und verbesserte Gasdiagnostikwerkzeuge in den CNG-Motorenentwicklungsprozess eingebunden werden.

1.1 Motivation, Zielsetzung und Vorgehensweise

Der CNG-Motorenentwicklungsprozess zeigt vor dem Hintergrund begrenzter Ressourcen und steigender Entwicklungskomplexität den Bedarf an Gasdiagnostik-Tools, insbesondere für die tiefergehenden Analyse von Einblasesystemen. Die Entwicklung fortschrittlicher Gasdiagnostikwerkzeuge trägt zur technologischen Weiterentwicklung des CNG-Antriebs bei und unter-stützt die Innovation in diesem Bereich. Dies trägt dazu bei, die Wettbewerbsfähigkeit von CNG-Fahrzeugen zu steigern und ihre Akzeptanz auf dem Markt zu fördern. Insgesamt ist die Entwicklung von Gasdiagnostikwerkzeugen für CNG-Motoren von entscheidender Bedeutung, um die Leistung, Effizienz, Umweltverträglichkeit und Zuverlässigkeit dieser Antriebssysteme kontinuierlich zu verbessern und ihre Rolle als nachhaltige Alternative im Bereich der Mobilität zu stärken. Analog zu Diesel- und Otto-Einspritzsystemen ist der zeitliche Verlauf der Kraftstoffeinblasung in gleicher Weise für die Gemischbildung im Brennraum maßgebend wie deren geo-metrische Eigenschaften. Durch verbesserte Gasdiagnostikwerkzeuge können Ingenieure und Entwickler eine detaillierte Analyse des Einblasesystems durchführen, was wiederum zu einer Optimierung der Motorleistung und einer Steigerung der Gesamteffizienz des CNG-Motors führt. Der Fokus richtet sich daher auf gasdynamische und optische Diagnostikverfahren für CNG-Injektoren, welche nach heutigem Stand der Technik zumeist auf kumulativen Messgrößen basieren.

Die Zielsetzung dieser Arbeit ist es, die thermodynamischen Grundlagen von gasförmigen Strömungen zu erfassen, diese im Kontext motorischer Anwendungen zu diskutieren und die Verknüpfung zu gasdynamischen Diagnostikverfahren herzustellen. Aufbauend auf dem tiefergehenden Verständnis von

Gasströmungen sollen etablierte Diagnostikverfahren für flüssige Kraftstoffeinspritzsysteme aufgegriffen und konsequent für die Entwicklung von CNG-Einblasesystemen weiterentwickelt werden.

Die motorischen Randbedingungen dienen als Referenz für außermotorische Analysen, während die Annäherung an diese zugleich das Entwicklungsziel für gasdynamische und optische Diagnostikverfahren darstellt. Gasdynamische Diagnostikverfahren bieten die Möglichkeit, außermotorische Analysen von Einblasesystemen vorzunehmen und diese auf motorische Versuche überzuleiten. Hierfür ist ein vollumfängliches Verständnis der die Einblasung beeinflussenden Faktoren zu erzielen und anhand motorischer Untersuchungen zu validieren.

Die optische Gasdiagnostik bietet insbesondere für die Gemischbildungsprozesse im CNG-Verbrennungsmotor wichtige Erkenntnisse, weshalb es das Ziel ist, die Schlieren Technik und ihre Sensitivitäten grundsätzlich zu beschreiben. In beiden Fällen, der gasdynamischen und optischen Diagnostik, sind Kenngrößen zu entwickeln, um die Einbindung der Ergebnisse in den CNG-Motorenentwicklungsprozess zu ermöglichen. Dafür ist es das Ziel, simulative Ansätze zu finden und die Durchgängigkeit einer Toolkette im CNG-Motorenentwicklungsprozess von außermotorischen Analysen, über Simulationen bis hin zu motorischen Versuchen zu verbinden.

Zunächst wird ein Grundverständnis für Gasströmungen entwickelt, um die hochdynamischen Vorgänge während der Gaseinblasung näher zu verstehen. Dazu bildet diese Arbeit den heutigen Stand der Technik ab, um auf Basis der motorischen Anforderungen von Saugrohr und direkteinblasenden Einblasesystemen Diagnostiktools für den CNG-Motorenentwicklungsprozess zu verbessern. Hierfür wird ein variables Laborkonzept entwickelt, dass neben dem flexiblen Messsystem die einflussnehmenden Faktoren standardisiert und so reproduzierbare Gasdiagnostik ermöglicht. Der Fokus richtet sich zunächst auf das Shot-to-Shot Massenmesssystem AirMexus, welches neben der Einblasemasse auch deren zeitlichen Verlauf, die Einblaserate, messtechnisch erfassen kann. Im Rahmen einer Einflussanalyse werden verschiedene Faktoren im Hinblick auf deren Wirkbeziehung zum CNG-Einblasevorgang systematisch bewertet. Dabei bilden motorische Rahmenbedingungen die Basis für die Einflussanalyse außermotorischer Diagnostikverfahren. Im Speziellen rückt dabei die Messkammer des Shot-to-Shot Massenmesssystems AirMexus in den Fokus, welche hinsichtlich motorischer Randbedingungen optimiert wird. Die Einflussanalyse bildet die Basis für ein verbessertes Laborkonzept zur gasdynamischen Massendiagnostik, welches im Weiteren hinsichtlich der Anwendung im Motorentwicklungsprozess bewertet wird. Neben dem gasdynamischen Analyseverfahren wird die optische Strahlanalyse mittels Durchlicht Schlieren Verfahren systematisch in das bestehende variable Laborkonzept eingebunden. Hierbei wird auf zentrale Sensitivitäten eingegangen und die Bildanalyse zur Entwicklung von Kenngrößen und zur Handhabung großer Datenmengen verbessert. Eine Medienvariation mit Stickstoff, Helium und Methan beschreibt deren Einflüsse auf die optische Sprayanalyse grundlegend und bildet damit die breite Datenbasis für die Einbindung in die CNG-Toolkette. Darauf aufbauend wird ein Simulationsmodell anhand experimenteller Eingangsgrößen entwickelt, um die messtechnischen Ansätze der gasdynamischen und optischen Diagnostik zu validieren. Den Abschluss bildet der Abgleich außermotorischer Gasdiagnostik mit motorischen Untersuchungen sowie die Etablierung von Düsenverlustbeiwerten als Bewertungskriterium für CNG-Einblasesysteme.

2 Grundlagen der Gasdynamik

Strömungen und Zustandsänderungen kompressibler Fluide lassen sich im Wesentlichen mit Hilfe strömungsmechanischer sowie thermodynamischer Grundlagen beschreiben. Dabei bedingt die Kompressibilität die Veränderung des Volumens eines Fluidelements ausgehend von der Änderung weiterer Zustandsgrößen, beispielsweise des Drucks. Als Folge der Kompressibilität überlagern sich strömungsmechanische und thermodynamische Phänomene. Während sich Idealgase relativ leicht physikalisch beschreiben lassen, besitzen Realgase komplexe, zustandsabhängige Stoffeigenschaften, welche sich direkt auf das gasdynamische Verhalten auswirken. Ebenso sind reale Strömungen verlustbehaftet. Erkenntnisse der beiden Fachgebiete Strömungsmechanik und Thermodynamik lassen sich im Themenfelder Gasdynamik vereinen und bilden somit die Grundlage für das Verständnis realgasdynamischer Vorgänge in Einblasesystemen. [10]

2.1 Thermodynamische Grundlagen von Gasen

Die thermodynamischen Stoffeigenschaften haben in Bereichen außerordentlicher Temperaturen und Drücke entscheidenden Einfluss auf die Phänomene der Gasströmung und werden daher in diesem Kapitel grundlegend beschrieben.

2.1.1 Thermodynamische Stoffeigenschaften

Während bei Realgasen den intermolekularen Kräften eine bedeutende Rolle zugeschrieben wird, werden diese Phänomene bei Idealgasen vernachlässigt. Dies hat zur Folge, dass bei Realgasen neben dem Realgasfaktor alle physikalisch relevanten Stoffeigenschaften abhängig von den Zustandsgrößen Temperatur T und Druck p sowie der Gasart sind. Idealgas ist nach Definition thermisch und kalorisch perfekt, wodurch sich alle gasdynamischen Ansätze in der einfachsten Form darstellen lassen. Halbideales Gas gilt als thermisch perfekt, wogegen Realgas alle Realgaseffekte berücksichtigt. Folglich erklären Realgaseffekte auftretende Abweichungen von den Stoffeigenschaften und Verhaltensweisen eines Idealgases, wobei die wichtigsten Effekte nachfolgend aufgeführt sind:

- Van der Waals'sche Anziehungskräfte zwischen Molekülen

- Molekülschwingungen

- Dissoziation und Rekombination im Hochtemperaturbereich

- Ionisation im Hochtemperaturbereich

Die Realgaseffekte wirken sich auf den Realgasfaktor Z, die spezifische Wärmekapazität c_p und c_v sowie den Isentropenexponent κ aus, was aus der nachfolgenden Tabelle 2.1 hervorgeht.

Tabelle 2.1: Auswirkungen der Realgaseffekte für Idealgas, halbideales Gas und Realgas nach [10]

Idealgas	Halbideales Gas	Realgas
$Z = 1$	$Z = 1$	$Z = Z(p, T, Gasart)$
$c_p = konstant$	$c_p = c_p(T, Gasart)$	$c_p = c_p(p, T, Gasart)$
$c_v = konstant$	$c_v = c_v(T, Gasart)$	$c_v = c_v(p, T, Gasart)$
$\kappa = konstant$	$\kappa = \kappa(T, Gasart)$	$\kappa = \kappa(p, T, Gasart)$

Das Realgasverhalten führt dazu, dass sich je nach Gasart Druck- und Temperaturabhängigkeiten für zentrale Stoffeigenschaften ergeben. Zur Analyse realer Einblasevorgänge hinsichtlich deren Anwendung im CNG-Motorenentwicklungsprozess muss demnach jeweils die Notwendigkeit der Realgasbetrachtung beurteilt werden.

Die universelle Gaskonstante R eines Gases ist durch die allgemeine Gaskonstante $\tilde{R}$ sowie die molare Masse eines Gases M_G definiert. [10]

$$R = \frac{\tilde{R}}{M_G}$$

Gl. 2.1

Dabei ist die allgemeine Gaskonstante mit $\tilde{R} = 8,3144598\frac{J}{mol\,K}$ definiert, die molare Masse ergibt sich je nach Zusammensetzung des Gases. Im Normzustand, der sich in der Gasdynamik bei einem Normdruck von $p_N = 101325\,Pa$ und einer Normtemperatur $T_N = 273,15\,K$ einstellt, ergibt sich für das Gas eine Gaskonstante R_N, welche mittels Realgasfaktor im Normzustand Z_N druck- und temperaturabhängige Einflüsse auf das Eigenvolumen der Gasmoleküle und zwischenmolekulare Kohäsionskräfte das Realgasverhalten berücksichtigt. [10]

$$R_N = Z_N \cdot R$$

Gl. 2.2

Die Druckabhängigkeit des Realgasfaktors Z ist in Abbildung 2.1 für Luft und Erdgas in einem weiten Temperaturbereich dargestellt. Dabei hebt der eingefärbte Bereich den für heutige Einblasvorgänge üblichen Systemdruck bis 25 bar hervor, wobei die Einheit *bar* häufig alternativ zur SI-Einheit für Druck *Pascal (Pa)* Verwendung findet. Für eine Umrechnung entspricht 1 bar gleich $0,1$ MPa.

Abbildung 2.1 veranschaulicht die Relevanz des Realgasverhaltens insbesondere in hohen Druck- und Temperaturbereichen. Dagegen sind in Bereichen mittlerer Temperaturen und niedriger Drücke die Einflüsse sehr gering.

Als weitere grundlegende Stoffeigenschaft ist in Abbildung 2.2 der Isentropenexponent für Luft und Methan in Abhängigkeit des Drucks dargestellt. Dabei zeigt sich im für Einblasevorgänge relevanten Bereich, vergleichbar zum Realgasfaktor, ein minimales Realgasverhalten.

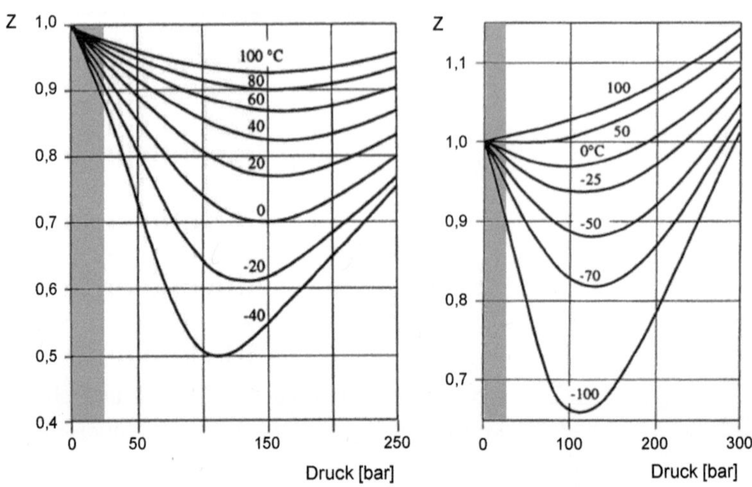

Abbildung 2.1: Darstellung des Realgasfaktors Z in Abhängigkeit des Drucks für Luft (links) und Erdgas (rechts) mit einer Normdichte $\rho_N = 0{,}776\,\text{kg/m}^3$[10]

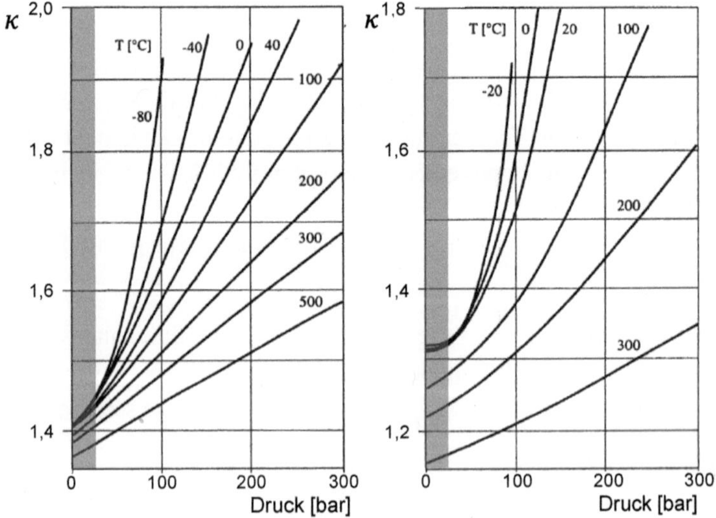

Abbildung 2.2: Darstellung des Isentropenexponenten κ in Abhängigkeit des Drucks für Luft (links) und Methan (rechts) [10]

Die dargestellten Realgaseffekte und deren Einflussnahme auf die thermodynamischen Stoffeigenschaften wirken sich im Bereich der Gasdiagnostik aus. Demnach bedarf es einer Bewertung der Effekte zur Validierung theoretischer Ansätze innerhalb der Gasdiagnostik. [10]

2.1.2 Thermodynamische Zustandsgleichungen

Die Dichte stellt bei der stationären kompressiblen Gasströmung eine variable Größe dar, die sich entsprechend der Euler´schen Bewegungsgleichung in Abhängigkeit des Drucks, der Strömungs-geschwindigkeit sowie der Temperatur ergibt. Die Gasströmung lässt sich in einem offenen, aber abgegrenzten System mittels Eintritts- und Austrittsgrenzen gemäß Abbildung 2.3 beschreiben. Dadurch lassen sich Massen-, Energie-, Impulsströme und Kräfte der Gasströmung bilanzieren.

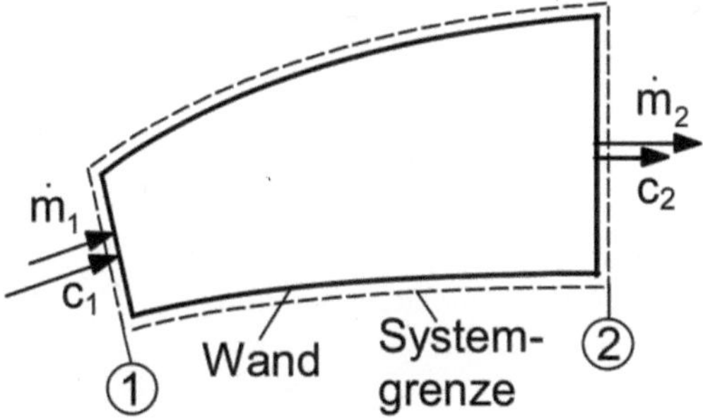

Abbildung 2.3: Bilanzraum eines offenen Systems für eine Gasströmung mit der Eintrittsgrenze 1 und der Austrittsgrenze 2 [11]

Thermische Zustandsgleichung idealer Gase

Der thermische Zustand eines Idealgases wird in Gleichung 2.3 [11] durch die Zustandsgrößen Druck p, Temperatur T, den Volumenstrom $\dot{V}$, den Gasmassenstrom $\dot{m}$ sowie die universelle Gaskonstante R beschrieben.

$$p \cdot \dot{V} = \dot{m} \cdot R \cdot T \qquad\qquad \text{Gl. 2.3}$$

Berücksichtigt man das zuvor beschrieben Realgasverhalten erweitert sich die thermische Zustandsgleichung entsprechend Gleichung 2.4 [11] um den Realgasfaktor Z.

$$p \cdot \dot{V} = Z \cdot \dot{m} \cdot R \cdot T \qquad\qquad \text{Gl. 2.4}$$

Kalorische Zustandsgleichung

Ein gasdynamisches System lässt sich jedoch nicht allein durch die thermische Zustandsgleichung beschreiben. Zusätzlich ist die kalorische Betrachtung des Systems, folglich die Energiebetrachtung, notwendig. Die spezifische innere Energie des Systems u steht neben der Temperatur auch mit dem spezifischen Volumen v in direkter Beziehung, woraus sich das vollständige Differential der spezifischen inneren Energie nach Gleichung 2.5 [11] ergibt.

$$du = \left(\frac{\partial u}{\partial T}\right)_v dT + \left(\frac{\partial u}{\partial v}\right)_T dv \qquad\qquad \text{Gl. 2.5}$$

Bei konstantem Volumen ergibt sich die spezifische Wärmekapazität c_v aus der partiellen Ableitung $(\partial u / \partial v)_T = 0$ nach Gleichung 2.6. [11]

$$c_v(T, v) = \left(\frac{\partial u}{\partial T}\right)_v \qquad\qquad \text{Gl. 2.6}$$

Da die spezifische innere Energie idealer Gase bei konstanten Temperaturen von der Dichte des Mediums unabhängig ist gilt $(\partial u/\partial v)_T = 0$ und es ergibt sich die Änderung der spezifischen inneren Energie des Systems [11] zu:

$$du = \left(\frac{\partial u}{\partial v}\right) dT = c_v dT \qquad \text{Gl. 2.7}$$

Die spezifische Enthalpie h beschreibt die spezifische Gesamtenergie des Systems als Summe aus spezifischer innerer Energie und spezifischer Arbeit w $dw = d(pv) = pdv + vdp$.

$$dh = \left(\frac{\partial h}{\partial T}\right)_p dT + \left(\frac{\partial h}{\partial p}\right)_T dp = du + d(pv) \qquad \text{Gl. 2.8}$$

Bilanziert man die spezifische Energie q entlang der Systemgrenzen ergibt sich mit Gleichung 2.6 und 2.8: [11]

$$dq = dh - vdp = \left(\frac{\partial h}{\partial T}\right)_p dT + \left[\left(\frac{\partial h}{\partial p}\right)_T - v\right] dp \qquad \text{Gl. 2.9}$$

Äquivalent zu c_v ist die spezifische Wärmekapazität bei isobarer Zustandsänderung $c_p = (\partial h/\partial T)_p$, womit sich die übertragene spezifische Energie dq gemäß Gleichung 2.10 ergibt. [11]

$$dq = \left(\frac{\partial h}{\partial T}\right)_p dT = c_p dT \qquad \text{Gl. 2.10}$$

Der zweite Hauptsatz der Thermodynamik beschreibt den Begriff der Entropie eines Systems der für reversible Prozesse konstant bleibt, für irreversible Prozesse zunimmt, jedoch nie vermindert werden kann. Die spezifische Entropie s eines Idealgases lässt sich aus der thermischen Zustandsgleichung und der isobaren spezifischen Wärmekapazität herleiten. [11]

$$ds = c_p \frac{\partial dT}{\partial T} - R \frac{dp}{p}$$

Gl. 2.11

Die Differenz aus isobarer und isochorer spezifischer Wärmekapazität entspricht der Gaskonstanten R, deren Quotient dem Isentropenexponenten κ, wonach sich nachfolgende Beziehungen darstellen lassen. In Abhängigkeit der atomaren Zusammensetzung eines Gases ergeben sich die in Tabelle 2.2 aufgeführten Polytropenexponenten für verschiedene Zustandsänderungen. [11]

$$R = c_p - c_v$$

Gl. 2.12

$$\kappa = \frac{c_p}{c_v}$$

Gl. 2.13

$$R = \frac{\kappa - 1}{\kappa} c_p = (\kappa - 1)c_v$$

Gl. 2.14

$$\frac{c_p}{R} - \frac{c_v}{R} = 1$$

Gl. 2.15

$$c_p = \frac{\kappa}{\kappa - 1} R$$

Gl. 2.16

Tabelle 2.2: Übersicht des Polytropenexponenten für Zustandsänderungen [11]

Gasart	c_p	c_v	κ	u
1 − atomige Idealgase	$\frac{5}{2}R$	$\frac{3}{2}R$	1,66̄6	$\frac{3}{2}RT$
2 − atomige Idealgase	$\frac{7}{2}R$	$\frac{5}{2}R$	1,400	$\frac{5}{2}RT$
3 − atomige Idealgase	$\frac{8}{2}R$	$\frac{6}{2}R$	1,33̄3	$\frac{6}{2}RT$

Isentropengleichung

Aus dem zuvor beschriebenen Begriff der Entropie lässt sich der Ansatz für die Isentropengleichung ableiten. Es gilt der idealisierte Ansatz einer reversiblen Zustandsänderung ohne Entropieänderung mit $ds = 0$. Hierdurch lassen sich thermodynamische Zustandsänderungen von einem Ausganszustand 1 hin zu einem Endzustand 2 beschreiben, wie dies in Abbildung 2.4 im p-v-Diagramm bzw. im T-s-Diagramm dargestellt ist.

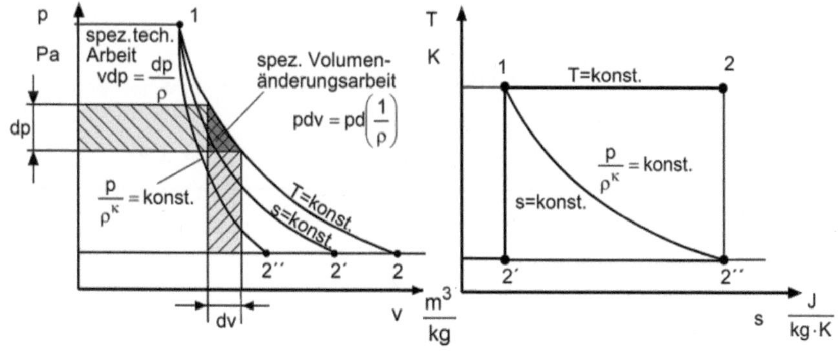

Abbildung 2.4: Darstellung der Thermodynamischen Zustandsänderungen im p-v-Diagramm (links) und im T-s-Diagramm (rechts) [11]

Der Endzustand ist direkt von der Art der thermodynamischen Zustandsänderung abhängig. Dabei werden die fünf möglichen Zustandsänderungen isochor, isobar, isotherm, isentrop und polytrop unterschieden.

Der allgemeine Ansatz der Isentropengleichung lässt sich nach Gleichung 2.14 mittels Polytropenexponent γ unabhängig von der Art der Zustandsänderung aufstellen. [11]

$$pv^{\gamma} = \frac{p}{p^{\gamma}} = konst.$$

Gl. 2.17

Entsprechend der thermodynamischen Zustandsänderung ergibt sich der Polytropenexponent entsprechend Tabelle 2.3.

Tabelle 2.3:   Übersicht der Polytropenexponenten für verschiedene thermodynamische Zustandsänderungen [11]

Zustandsänderung	Zustandsgröße	Polytropenexponent
Isochore	$v = konst.$	$\gamma = \infty$
Isobare	$p = konst.$	$\gamma = 0$
Isotherme	$T = konst.$	$\gamma = 1$
Isentrope	$s = konst.$	$\gamma = \kappa$
Polytrope	$ds > 0$	$\gamma > 0\ bis\ \pm\infty$

Der Joule-Thomson-Effekt

Der Joule-Thomson-Effekt beschreibt die Temperaturänderung eines realen Gases bei der isenthalpen Druckabsenkung, bei der die Enthalpie des Systems konstant bleibt. Die Beziehung zwischen der Druckänderung dp und der resultierenden Temperaturänderung dT wird durch den isenthalpen Drossel-koeffizienten δ_h beschrieben, der viel besser als Joule-Thomson-Koeffizient bekannt ist. [12]

$$dT = \delta_h \cdot dp$$

Gl. 2.18

Ist δ_h positiv, spricht man von einem positiven Joule-Thomson-Effekt, wobei die Druckabsenkung mit einer Temperaturabnahme einhergeht. Hingegen spricht man im Falle von $\delta_h < 0$ von einem negativen Joule-Thomson-Effekt, der zu einer Temperaturerhöhung führt. Die Inversionskurve, die durch $\delta_h = 0$ beschrieben ist, trennt die Bereiche des positiven von den Bereichen des negativen Joule-Thomson-Effekts. Entlang der Inversionskurve treten keine Temperaturänderungen auf. Der Joule-Thomson-Koeffizient beschreibt die Temperaturänderung in Bezug auf die Druckabsenkung bei konstanter Ent-halpie des Systems und ist wie folgt definiert: [12]

$$\delta_h = \left(\frac{\partial T}{\partial p}\right)_p = \frac{1}{c_p}\left[T\left(\frac{\partial v}{\partial T}\right)_p - v\right]$$

Gl. 2.19

Im Gegensatz zu realen Gasen tritt der Joule-Thomson-Effekt bei Idealgasen nicht auf. [12] Der Joule-Thomson-Effekt muss insbesondere bei der Durch-flussmassenmessung berücksichtigt werden. Hierbei ist auch die Temperatur- und Druckabhängigkeit von δ_h, die in Abbildung 2.6 für Erdgas mit einer Normdichte von $\rho_N = 0{,}701\ kg/m^3$ über einen weiten Temperatur- und Druckbereich dargestellt ist.

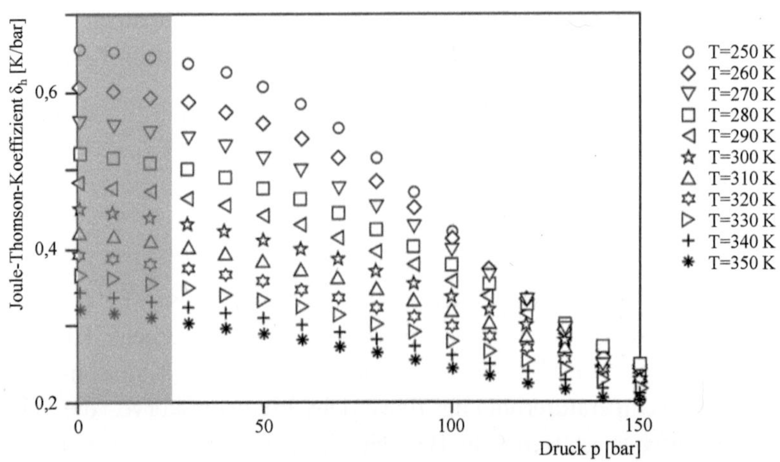

Abbildung 2.5: Druck- und Temperaturabhängigkeit des Joule-Thomson-Koeffizienten für Erdgas mit $\rho_N = 0{,}701\ kg/m^3$ [13]

Der eingefärbte Bereich hebt den für die zu untersuchenden Einblasevorgänge bedeutenden Druckbereich bis 25 bar hervor. Hieraus wird ersichtlich, dass die Temperaturabhängigkeit δ_h überwiegt, während die Druckabhängigkeit eine untergeordnete Rolle spielt. [13]

2.2 Stationäre kompressible Strömung

Bewegungsvorgänge kompressibler Medien lassen sich theoretisch beschreiben und analysieren, wobei die Grundlagen zur Darstellung der Bewegungsgleichung sich für Ideal- und Realgas nicht unterscheiden. Im Allgemeinen folgen alle Strömungsvorgänge den drei zentralen Erhaltungssätzen:

- Massenerhaltungssatz/Kontinuitätsgleichung

- Impulserhaltung

- Energieerhaltung

Zusammengefasst ergeben sich daraus die Bewegungsgleichungen, die aus Gründen der Vereinfachung nachfolgend für eine quasi-eindimensionale Strömung dargestellt werden.

2.2.1 Die Kontinuitätsgleichung

Die Kontinuitätsgleichung ist für die Analyse von Einblasevorgängen von zentraler Bedeutung, da sie den Grundsatz der Massenerhaltung beschreibt. Sie bietet die Grundlage vieler Ansätze in der Gasdiagnostik und lässt sich für ideales wie reales Gas für den stationären Strömungsfall im Bilanzraum beschreiben. [11]

$$\frac{d\rho}{\rho} + \frac{dA}{A} + \frac{da}{a} = 0$$

Gl. 2.20

Im Bilanzraum gilt folglich, dass die Summe der Dichteänderungen $d\rho$, der Querschnittsänderung dA sowie der Geschwindigkeitsänderung da Null ergibt. Die integrale Darstellung in Gleichung 2.18 [10] beschreibt die Massenerhaltung in ihrer für Ingenieure gängigen Weise.

$$\dot{m} = \rho \cdot \dot{V} = \rho \cdot A \cdot a = konst.$$

Gl. 2.21

2.2.2 Die Schallgeschwindigkeit

Die Ausbreitung von Druckstörungen innerhalb eines Mediums ist ein physikalischer Vorgang, der als Schall bekannt ist. Die Ausbreitungsgeschwindigkeit dieser Strömung ist die Schallgeschwindigkeit c, welche innerhalb der Gasdynamik von zentraler Bedeutung ist. Die Ausbreitung der Druckstörung entspricht einer isentropen Druckänderung mit veränderlicher Dichte. Mittels Kontinuitätsgleichung und Impulssatz lässt sich für eine isentrope Strömung

($s = konst.$) der folgende Zusammenhang nach Gleichung 2.19 [11] beschreiben.

$$c^2 = \left(\frac{\partial p}{\partial \rho}\right)_s$$

Gl. 2.22

Aus dem Ansatz der Isentropengleichung $(dp/p) = \kappa(d\rho/\rho)$ und der thermischen Zustandsgleichung $p/\rho = RT$ lässt sich die Schallgeschwindigkeit anhand des Isentropenexponenten κ, der Gaskonstanten R sowie der Temperatur T bestimmen. [11]

$$c = \sqrt{\left(\frac{\partial p}{\partial \rho}\right)_s} = \sqrt{\kappa\frac{p}{\rho}} = \sqrt{\kappa RT}$$

Gl. 2.23

2.2.3   Kritischer Strömungszustand

Als kritischer Strömungszustand wird der Zustand bezeichnet, bei dem sich ein strömendes Gas mit der kritischen Geschwindigkeit $a_{krit.}$ bewegt, die der Schallgeschwindigkeit entspricht ($a_{krit.} = c$). Der kritische Strömungszustand lässt sich weiter durch die Zustandsgröße $p_{krit.}$, $T_{krit.}$ und $\rho_{krit.}$ beschreiben. Bezogen auf den ruhenden Strömungszustand $a_0 = 0$ ergeben sich kritische Zustandsverhältnisse. [12]

$$\frac{p_{krit.}}{p_0} = \left(\frac{2}{\kappa + 1}\right)^{\frac{\kappa}{\kappa - 1}}$$

Gl. 2.24

$$\frac{T_{krit.}}{T_0} = \left(\frac{2}{\kappa + 1}\right)$$

Gl. 2.25

$$\frac{\rho_{krit.}}{\rho_0} = \left(\frac{2}{\kappa + 1}\right)^{\frac{1}{\kappa - 1}}$$

Gl. 2.26

Die kritischen Verhältnisse sind allein von den Stoffgrößen des jeweiligen Strömungsmediums abhängig und beschreiben den Grenzwert, bezogen auf den Ruhezustand, ab dem kritische Strömungsbedingungen vorliegen. Wird der jeweilige Grenzwert unterschritten spricht man von überkritischen, bei der Überschreitung von unterkritischen Strömungszuständen. [12]

2.2.4 Massenstrom und Ausflussfunktion

Ein CNG-Einblasevorgang lässt sich vereinfacht als Ausströmvorgang aus einem ruhenden Druckbehälter verstehen. Der Ausströmvorgang entspricht einer Zustandsänderung, die in einem h-s-Diagramm beschrieben werden kann. Ausgehend von Ruhezustand 1 reduziert sich der Druck von p_1 auf das niedrigere Druckniveau p_2, wobei je nach Art der Zustandsänderung unterschiedliche Endzustände erreicht werden. Der dabei austretende Gasmassenstrom $\dot{m}$ wird maßgeblich durch die Ausflussfunktion ψ, den Austrittsquerschnitt A sowie die Ruhezustandsgrößen Druck p_1 und die Dichte ρ_1 beeinflusst. [11]

$$\dot{m} = \psi A \sqrt{2 p_1 \rho_1}$$

Gl. 2.27

Die Ausflussfunktion ist in der Gleichung 2.28 [11] definiert und ausschließlich vom Isentropenexponenten κ und dem Druckverhältnis p_2/p_1 [11] abhängig.

$$\psi = \sqrt{\frac{\kappa}{\kappa - 1}\left[\left(\frac{p_2}{p_1}\right)^{\frac{2}{\kappa}} - \left(\frac{p_2}{p_1}\right)^{\frac{\kappa + 1}{\kappa}}\right]}$$

Gl. 2.28

$$\frac{p_2}{p_1} = \left(\frac{2}{\kappa + 1}\right)^{\frac{\kappa}{\kappa-1}}$$

Gl. 2.29

Mit sinkendem Druckverhältnis steigt die Ausflussfunktion bis zum Maximalwert an, der beim kritischen Druckverhältnis erreicht wird, folglich wenn die Ausströmgeschwindigkeit die Schallgeschwindigkeit erreicht. Eine Steigerung der Strömungsgeschwindigkeit über die Schallgeschwindigkeit hinaus ist nur durch den technischen Ansatz einer Laval Düse möglich. Gleichzeitig bleibt der maximale Massenstrom jedoch gemäß Gleichung 2.30 [11] durch ψ_{max} begrenzt. Hieraus lässt sich Ansatz 2.31 [11] einführen, der für überkritische Strömungsbedingungen den maximalen Massenstrom berücksichtigt, bei unterkritischen Strömungszuständen den Massenstrom in Abhängigkeit der Ausflussfunktion $\psi(p_2, p_1, \kappa)$ beschreibt. Für Düsenströmungen werden darüber hinaus die Strahlkontraktion η und der Düsenbeiwert α berücksichtigt, die sich zum Düsenverlustbeiwert $c_D = \eta\alpha$ zusammenfassen lassen.

$$\dot{m} = c_D \psi(p_2, p_1, \kappa) A \sqrt{2 p_1 \rho_1}$$

Gl. 2.30

$$\psi(p_1, p_1, \kappa) = \begin{cases} \left(\dfrac{2}{\kappa+1}\right)^{\frac{1}{\kappa-1}} \sqrt{\dfrac{\kappa}{\kappa+1}} & , \text{\textit{überkritisch}} \\[2em] \sqrt{\dfrac{\kappa}{\kappa-1}\left[\left(\dfrac{p_2}{p_1}\right)^{\frac{2}{\kappa}} - \left(\dfrac{p_2}{p_1}\right)^{\frac{\kappa+1}{\kappa}}\right]} & , \text{\textit{unterkritisch}} \end{cases}$$

Gl. 2.31

Neben dem Einfluss des Druckverhältnisses zwischen Ruhezustand 1 im Druckbehälter und dem Strömungszustand 2 wirkt sich speziell die Gasart auf Ausflussfunktion und folglich den Massendurchsatz einer Einblasung aus. Hierzu sind in Abbildung 2.6 die Werte der Ausflussfunktion für die Gase Helium, Stickstoff und Methan in Abhängigkeit des Druckverhältnisses dargestellt. [11]

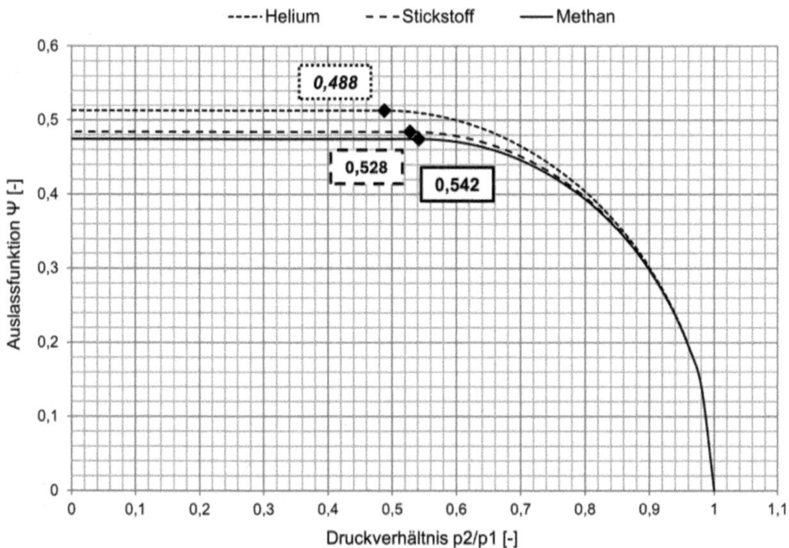

Abbildung 2.6: Eigene Darstellung der Ausflussfunktion ψ in Abhängigkeit vom Druckverhältnis p_2/p_1 für die Gasarten Helium, Stickstoff und Methan nach [11]

Entsprechend der jeweiligen Stoffeigenschaften ergeben sich unterschiedliche kritische Druckverhältnisse. Hierbei erreicht Helium den kritischen Strömungszustand erst bei einem Druckverhältnis von 0,488, wogegen Methan ab einem Druckverhältnis von 0,542 bereits Schallgeschwindigkeit erreicht. Dagegen nimmt die Ausflussfunktion für Helium höhere Werte an als Methan. Stickstoff zeigt in der Betrachtung der Ausflussfunktion mit einem kritischen Druckverhältnis von 0,528 ein zu Methan verwandtes Verhalten.

3 Stand der Technik

Die Entwicklung und Optimierung von Verbrennungsmotoren ist ausgerichtet auf die Verbesserung der Fahrleistungen, des Komforts und der Akustik, bei gleichzeitiger Kostenminimierung und Reduzierung der CO_2-Emissionen unter Einhaltung der geltenden Abgasnormen. [14] Dabei ist das Entwicklungspotential des Verbrennungsmotors noch nicht ausgeschöpft. Viel mehr bieten verbesserte Motorkonzepte, auch in Verbindung mit Teilelektrifizierung, erhebliche Stellhebel im Spannungsfeld der Verbrennungsmotorenentwicklung. Für Otto- und Dieselmotoren ergeben sich durch die thermodynamische Annäherung an den Idealprozess, innerhalb der Verbrennung und Prozessführung, beim Ladungswechsel und durch die Reduzierung mechanischer Verluste Potentiale zur Senkung des Emissionsniveaus. Einen weiteren technischen Ansatz zur Reduzierung von CO_2-Emissionen bieten synthetische Kraftstoffe, die nach Einschätzung von PISCHINGER und BARGENDE [7] beliebige Freiheitsgrade hinsichtlich Gemischbildung und Verbrennung bieten. Synthetisches Erdgas aus regenerativem Strom bildet auch für CNG-Verbrennungsmotoren neue Stellhebel, um CO_2-Emissionen in der Gesamtbilanz zu reduzieren. [6]

3.1 CNG-Verbrennungsmotoren

Nach heutigem Stand der Technik werden in Bezug auf CNG-Verbrennungsmotoren bivalente, monovalente und Dual-Fuel Antriebssysteme unterschieden. Während bivalente Motoren zwei verschiedene Kraftstoffe getrennt voneinander verbrennen können, ist ein monovalenter Ver-brennungsmotor auf einen Energieträger ausgelegt. Ergänzt werden die beiden Varianten durch sogenannte Dual-Fuel Systeme, bei denen zwei Kraftstoffe, ein zündwilliger und ein zündunwilliger, gleichzeitig im Motor verbrannt werden. Die Motivation für bivalente und Dual-Fuel CNG-Motoren ergibt sich aus der nicht flächendeckenden Verfügbarkeit von Erdgastankstellen aber auch durch die technischen Herausforderungen von CNG-Verbrennungsmotoren, insbesondere hinsichtlich deren Kaltstarteigenschaften. Erdgasfahrzeuge, die mit zwei Kraftstoffsorten betrieben werden können, müssen sich der Kundenanforderung nach vergleichbaren Fahr- und Komfortleistungen in allen Betriebsmodi stellen. CNG als Energieträger unterscheidet sich im Verbrennungsprozess jedoch in wesentlichen Eigenschaften von flüssigen Energieträgern, weshalb die Umsetzung der Kundenanforderungen auf Basis von Benzin- oder Diesel-Verbrennungsmotoren spezielle Herausforderungen mit sich bringt. [6]

Zündsystem

Für die Verbrennung des Methan-Luft-Gemischs wird eine externe Zündquelle benötigt, da Erdgas aufgrund der Zündunwilligkeit des Methanmoleküls keine stabile Selbstzündung ermöglicht. Dabei liegen die Zündspannungen über denen bei Otto-Verbrennungsmotoren bei gleichzeitig höheren thermischen Belastungen der Zündspule. Die erforderliche Fremdzündung ist auch ein Grund, warum im wesentlichen Otto-Grundmotoren als Basis für die CNG-Anwendung herangezogen werden. [6]

Verdichtungsverhältnis und Spitzendruck

CNG ist ein zündunwilliger Kraftstoff, der eine externe Zündquelle erfordert und eine hohe Klopffestigkeit zeigt. Die Klopffestigkeit variiert je nach Gasqualität, welche sich durch die Zumischung von Butan und Propan definiert. Aufgrund dieser Eigenschaft können monovalente CNG-Verbrennungsmotoren mit einem höheren Verdichtungsverhältnis betrieben werden, als dies bei turboaufgeladenen Otto-Verbrennungsmotoren üblich ist. Im monovalenten Erdgasbetrieb ist ein Verdichtungsverhältnis von 12:1 möglich. [6] Mit angepasstem Verdichtungsverhältnis erreichen CNG-Motoren mittlere Zylinderspitzendrücke von 150 bis 160 bar, und liegen damit auf einem vergleichbaren Niveau zu Diesel-Aggregaten. Dahingegen sind Grundmotoren für Otto-Anwendungen mechanisch meist nur bis 100 bar Spitzendruck ausgelegt, wodurch sich im CNG-Betrieb Wirkungsgradnachteile ergeben. [6]

3.1.1 CNG-Einblasesysteme

Erdgasfahrzeuge sind häufig mit bivalenten Antrieben ausgeführt, wobei neben dem herkömmlichen Einspritzsystem für den flüssigen, zusätzlich das Einblasesystem für den gasförmigen Energieträger vorgesehen werden muss. Die nachfolgende Darstellung 3.1 zeigt die jeweiligen Komponenten der Kraftstoffsysteme. Über den Tankstutzen (1) wird der Flüssigkraftstofftank (2) unter atmosphärischem Druck befüllt. Die Kraftstofffförderpumpe (3) fördert den Flüssigkraftstoff über die Kraftstoffrail (4) zum Injektor (5). Neben dem abgebildeten Saugrohrinjektor werden nach heutigem Stand der Technik fast ausschließlich direkteinspritzende Kraftstoffsysteme eingesetzt. Auch der Erdgastank (7) wird über den Einfüllstutzen (6) befüllt. Im Unterschied zum Flüssigkraftstofftank liegt der Systemdruck im Bereich von 200 bar, der während des Tankvorgangs bereitgestellt werden muss. Aufgrund der hohen Systemdrücke gelten spezielle Sicherheitsanforderungen an die Erdgastanks, die zumeist aus Faserverbundwerkstoffen oder Stahl bestehen. Die typische Ausführung mit abgerundeten, kesselartigen Formen führt zu erheblichen Packaging-Anforderungen für Erdgasfahrzeuge. Tankvolumen und Systemdruck stehen in direkter Beziehung zur Reichweite, die insbesondere in Regionen mit geringer Tankstellendichte von großer Bedeutung im Hinblick auf die Kundenakzeptanz ist.

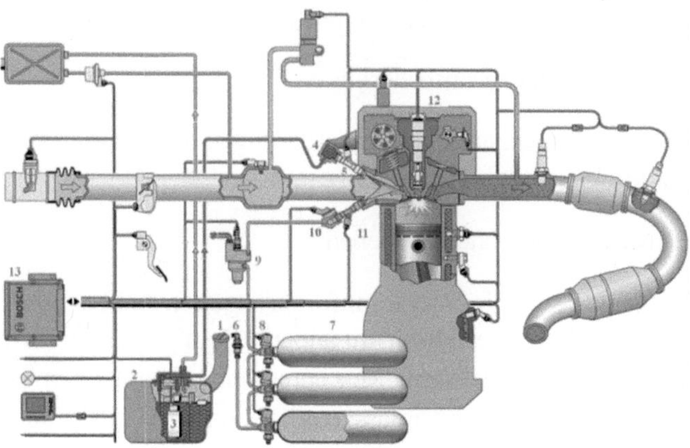

Abbildung 3.1: Komponenten eines Bifuel-Systems auf Basis eines Ottomotors mit wahlweise Erdgas- oder Benzinbetrieb [15]

Im Erdgasbetrieb öffnen die Absperrventile (8), die im Sicherheitsfall unkontrolliertes Ausströmen des brennbaren Gases verhindern, wonach das Gas aus den Tanks zum Druckregler (9) strömt. Über den Druckregler entspannt sich das Gas und wird in der Gasrail (10) unter dem gewünschten Betriebsdruck gespeichert. Die elektrisch gesteuerten CNG-Injektoren (11) dosieren die geforderte Gasmenge zur Gemischbildung, weshalb deren Ausführungsformen und Eigenschaften von zentraler Bedeutung für den Erdgasbetrieb sind. Die Regelung der Gemischbildung sowie die Steuerung des Zündsystems (12) erfolgt über das zentrale Motorsteuergerät (13). [15]

CNG-Injektoren

Der Gemischbildungsprozess wird maßgeblich von den Eigenschaften des Kraftstoffinjektors beeinflusst, woraus sich folgende Entwicklungsziele ergeben [16]:

- Erreichung eines Druckniveaus für ein stabiles, ggf. überkritisches Ausströmverhalten

- Ausreichende Mengenspreizung und -genauigkeit zwischen Leerlauf und Nennleistung

- Erfüllung mehrerer Einblasepulse pro Zyklus

- Einhaltung der Leckageanforderungen

- Gewährleistung mechanischer Anforderungen an Schmierung und Kühlung des Injektors

- Stabiles Nadelöffnen und -schließen

Dabei unterscheiden sich die Injektoranforderungen in Abhängigkeit vom gewählten Brennverfahren. Verfahren mit äußerer Gemischbildung ermöglichen bisweilen kontinuierlich betriebene Mischersysteme, wenngleich Saugrohrinjektoren in direkter Nähe zum Einlassventil weitere Freiheitsgrade im Sinne der Gemischbildung ermöglichen. Brennverfahren mit innerer Gemischbildung mittels Direkteinblasung erfordern hochdynamische Injektoren mit besonderen Anforderungen an die Mengengenauigkeit. Gemäß BOHATSCH lassen sich Injektorkonzepte nach Betriebsdruck, Aktorik und Düsenform klassifizieren. [16]

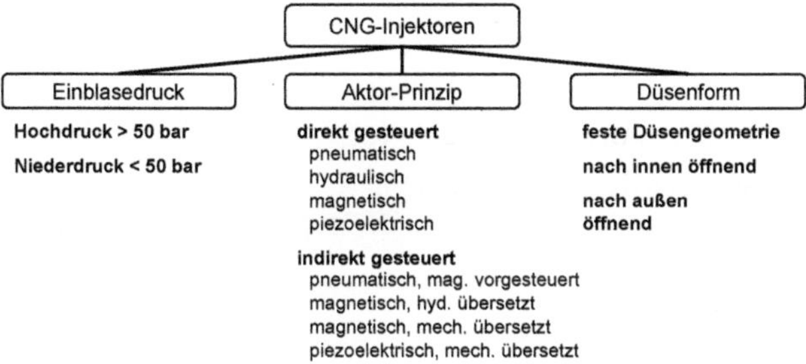

Abbildung 3.2: Einteilungskriterien für Injektoren nach BOHATSCH [16]

Im Rahmen dieser Arbeit kommen zwei verschiedene Injektortypen zum Einsatz, die den Stand der Technik abbilden. Der Saugrohrinjektor A sowie der direkteinblasende Injektor B dienen als Referenzinjektoren, mit der Zielsetzung Gasdiagnostik sowie optische Analysen für deren Einbindung in die Toolkette des CNG-Motorenentwicklungsprozesses zu verbessern. Während Saugrohrinjektoren zumeist in bivalenten Verbrennungsmotoren eingesetzt werden, stellen direkteinblasende Injektoren den heutigen Stand der Technik dar und bieten eine Entwicklung hin zu monovalenten Antriebssystemen. Die beiden Injektoren sind in Tabelle 3.1 gegenübergestellt.

Tabelle 3.1: Kenngrößen der beiden Referenzinjektoren

Eigenschaften	Injektor A	Injektor B
Injektortyp	Saugrohr	Direkteinblasend
Gemischbildung	Extern	Intern
Düsenform	I-Düse	A-Düse
Aktuator	Magnetventil	Magnetventil
Einblasedruck	bis 12 *bar*	bis 20 *bar*

Düsenform

Die Düsengeometrie und -gestaltung hat einen zentralen Einfluss auf den Gemischbildungsprozess. Düsen lassen sich in feste, nach innen und nach außen öffnende Formen unterscheiden.[16] Neben der Anforderung den Gemischbildungsprozess zu unterstützen, muss die jeweilige Düsengeometrie den geforderten Kraftstoffdurchfluss ermöglichen. Als feste Düsenformen lassen sich Einloch- und Mehrlochdüsen beschreiben, deren Strömungsquerschnitt durch ein nach innen öffnendes Nadelventil freigegeben wird. Die Ausführung als Mehrlochdüse verbessert die Gasdurchmischung in Düsennähe im Vergleich zur Einlochdüse. Nach innen und nach außen öffnen-de Düsen sind als Pilzventile ausgeführt. Die Nadelbewegung gibt einen Hohlkegel frei durch den das Gas ausströmt. Die Gasströmung nach Düsenaustritt erzeugt einen Kegelmantel in welchem Unterdruckbedingungen die Gasdurchmischung fördert. Nach außen öffnende Düsen ermöglichen große Düsenquerschnitte, dagegen bieten nach innen öffnende Düsen Vorteile im Hinblick auf die Dichtheit des Injektors.

Aktuator

Das Steuerelement zum Öffnen und Schließen des Injektors wird als Aktuator bezeichnet und lässt Injektoren in direkt und indirekt gesteuerten Konzepte untergliedern. Die Steuerfunktion des Aktuators kann pneumatisch, hydraulisch, magnetisch oder piezoelektrisch erfolgen. In direkt gesteuerte Injektoren bewirkt der Aktuator in unmittelbarer Wirkbeziehung das Öffnen und Schließen der Injektornadel, welche anschließend den Strömungsquerschnitt freigibt oder verschließt. Handelt es sich um ein indirekt gesteuertes Injektorkonzept, so wird die Nadelbewegung über einen weiteren, dem Aktuator nachgeschalteten, Mechanismus ausgelöst. Injektorkonzepte für die Anwendung in Fahrzeug-Verbrennungsmotoren greifen, nach Stand der Technik, auf die bei Otto- und Diesel-Motoren etablierten, magnetischen Aktuatoren zurück. Piezoelektrische Konzepte weisen ähnliche Eigenschaften wie magnetische Aktuatoren auf, bieten darüber hinaus aber erhebliche Potentiale die Schaltzeiten der Aktuatoren zu reduzieren, was sich positiv auf die Kraftstoffmengengenauigkeit auswirkt. Demgegenüber stehen die erheblichen Mehraufwendungen zur

Realisierung ausreichend großer Nadelhübe für die CNG-Einblasung. Injektorkonzepte auf Basis pneumatischer oder hydraulischer Aktuatoren sind nach Stand der Technik für die Fahrzeuganwendung nicht von Relevanz. [16, 17]

Einblasedruck

Injektorkonzepte lassen sich in Hochdruck- (> 50 bar) und Niederdruckkonzepte (< 50 bar) unterscheiden, wobei der gewählte Systemdruck in direkter Beziehung zur erzielbaren Tankreichweite steht. Nach dem heutigen Stand der Technik sind Saugrohrsysteme mit Betriebsdrücken von 8 bis 12 bar, aber auch Direkteinblasesysteme mit Betriebsdrücken von 12 bis 25 bar den Niederdruckkonzepten zuzuordnen. Für den Schichtbetrieb mit Einblasungen in die späte Kompressionsphase des Motors sind Betriebsdrücke bis maximal 50 bar vorstellbar.

Hochdrucksysteme finden nach heutigem Stand der Technik keine Anwendung in Erdgasfahrzeugen. Bei Betriebsdrücken oberhalb von 50 bar entstehen erhebliche Mehraufwände, da Tankspeicherdrücke größer als der Standarddruck von 200 bar erforderlich werden oder Zwischenverdichter in das Kraftstoffsystem eingebunden werden müssen. Auch variable Einblasedrücke lassen sich in Hochdrucksystemen, im Gegensatz zu Benzin und Diesel Hochdruckeinspritzsystemen, nur mit viel Aufwand erreichen. Das über den Druckregler entspannte Gas muss dazu mit zusätzlichem Energieaufwand zurück auf den anliegenden Tankdruck verdichtet werden. Alternativ kann ein Hochdrucksystem um ein zusätzliches Niederdruckeinblasesystem ergänzt werden. [16]

3.2   Gasdynamische Massendiagnostikverfahren

Die zentrale Bedeutung der eingebrachten Kraftstoffmasse für den Verbrennungsprozess ist hinlänglich bekannt, weshalb die exakte Massenbestimmung die bedeutendste Aufgabenstellung der Gasdiagnostik darstellt. Einhergehend mit der direkteinblasenden Injektortechnologieentwicklung gewinnt der zeitliche Massenstromverlauf an Bedeutung, was Gegenstand gasdynamischer Massendiagnostikverfahren ist. Die Anforderungen an messtechnische Systeme für die Bewertung von CNG-Injektoren liegt in der zuverlässigen Ermittlung des Massendurchflusses. Die direkte Koppelung zwischen eingebrachter Kraftstoffmasse und Verbrennungsprozess unterstreicht die Notwendigkeit derartiger Diagnostikverfahren. Injektoren werden im Entwicklungsprozess vermessen und analysiert, wobei sich gasdynamische Diagnostikverfahren aus messtechnischer Sicht nach kumulativen und Shot-to-Shot Messtechniken unterscheiden lassen.

Das Prinzip der kumulativen Massendurchflussbestimmung weist einer Stichprobengröße von Einblasevorgängen den über den Versuchszeitraum ermittelten Massendurchfluss zu. Messtechnisch lässt sich der Massendurchfluss auf verschiedene Arten bestimmen, doch ist somit aus-schließlich ein Rückschluss auf den gemittelten Massenstrom möglich. Die direkte Analyse einzelner Einblasevorgänge, der zeitliche Massenstromverlauf und die Bewertung von Standardabweichung ist folglich nicht möglich. Diesem Anspruch wird hingegen die Shot-to-Shot Raten- und Massenmesstechnik gerecht. Die relevante Messtechnik zur Analyse von CNG-Injektoren wird nachfolgend vorgestellt.

Kumulative Massendurchflussmessung

Für eine Vielzahl technischer Anwendungen ist die zuverlässige Bestimmung des Gasmassenstroms erforderlich, nicht zuletzt im Energiesektor. Daher kann für die kumulative Messgrößenbestimmung auf eine Vielzahl bekannter Messtechniken zurückgegriffen werden, deren Eignung für die Injektoranalyse jedoch im Einzelfall bewertet werden muss. Die verfügbaren Messtechniken sind für kontinuierliche Massenströme konzipiert, wovon dynamische Einblasevorgänge im Allgemeinen stark abweichen können. Dennoch sind gerade kumulative Massendurchflussbestimmungen im Bereich der gasdynamischen Analyse von CNG-Injektoren etabliert und bilden den Stand der Technik.

Die einfachste und älteste Form der Durchflussbestimmung basiert auf dem volumetrischen Messverfahren. Bereits 1816 entstand durch CLEGG [1]eine

---

[1] Samuel Clegg (1781-1861) britischer Chemiker und Ingenieur

Gasmesseinrichtung, die es möglich machte, einen kontinuierlichen Gasmassenstrom zu bestimmen. Das volumetrische Messverfahren erfasst die aufsteigende Gasphase in einem mit Flüssigkeit gefülltem Glaskörper, wodurch das Gasvolumen bestimmt werden kann. Heutige Massendurchflussmessungen basieren hauptsächlich auf thermischen Messverfahren bzw. dem Coriolis-Messprinzip. Das thermische Messverfahren nutzt einen temperaturabhängigen elektrischen Widerstand, der durch elektrische Leistung erhitzt wird und in die Gasströmung eingebracht wird. Bedingt durch das Umströmen des Widerstandes kommt es zu einer Wärmeabführung, weshalb elektrische Leistung zugeführt werden muss, um die Temperatur des Widerstandes konstant zu halten. Der durch Konvektion hervorgerufene Wärmeverlust verhält sich dabei proportional zur Strömungsgeschwindigkeit, so dass ein Zusammenhang zwischen zugeführter elektrischer Leistung und dem Massenstrom hergestellt werden kann. Das thermische Messverfahren lässt sich auf verschiedene Messbereiche auslege und genügt somit höchsten Genauigkeitsanforderungen. Die beschriebene Messtechnik findet in Hitzedrahtanemometern und thermischen Massendurchflussmessern kommerzielle Anwendung.

Ein weiteres etabliertes Messprinzip beruht auf dem physikalischen Phänomen der Coriolis-Kraft. Hierbei wird der Gasmassenstrom $\dot{m}$ durch Rohrschleifen geführt, welche durch eine äußere Anregung in Schwingung versetzt werden und sich mit der Winkelgeschwindigkeit ω bewegen.

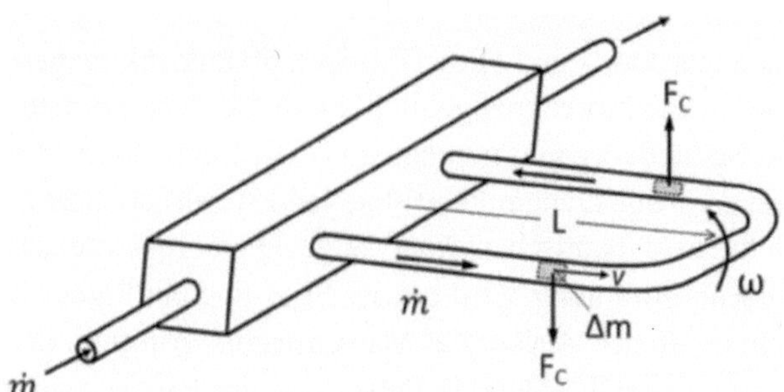

Abbildung 3.3: Kraftwirkungen eines strömenden Gases in einer schwingenden Rohrschleife, hervorgerufen durch die Coriolis-Kraft [18]

Auf die mit der Strömungsgeschwindigkeit a bewegten Gasteilchen m wirkt zusätzlich zur bekannten Zentrifugalkraft die Coriolis-Kraft F_C.

$$\vec{F_C} = 2 \cdot \mathrm{m} \cdot (\vec{a} \times \vec{\omega})$$

Gl. 3.1

Entsprechend der Strömungsrichtung wirkt die Coriolis-Kraft beim Rohr-schleifeneintritt in entgegengesetzter Richtung, verglichen mit dem Rohr-schleifenaustritt. Hierdurch wirkt ein Drehmoment M mit der Ausbreitungs-länge der Schliere L_S auf die Rohrschleife, welches sich proportional zum Gas-massenstrom $\dot{m}$ verhält. Abhängig von der Federkonstante K der Rohrschleife resultiert daraus der Drehwinkel Θ, welcher von Sensoren erfasst wird und somit die Messung des Massenstroms ermöglicht.

$$\Theta = \frac{M}{K} = \frac{L^2 \cdot \omega \cdot \dot{m}}{K}$$

Gl. 3.2

Coriolis-Massendurchflusssensoren bieten in weiten Messbereichen hoch ge-naue Messwerte, welche sich für kumulative Massendurchflussmessung im Anwendungsfall der gasdynamischen Diagnostikverfahren ideal eignen.

Shot-to-Shot Massenmesstechnik

Die Erfahrungen der Otto- und Diesel-Einspritzdiagnostik zeigen, dass Strö-mungsvorgänge in Injektoren maßgeblich durch die dynamischen Phasen des Öffnungs- und Schließvorgangs geprägt sind. Die kumulative Messgrößenbe-stimmung kann derartige Dynamikeinflüsse jedoch zeitlich nicht auflösen und ist folglich nicht zur dynamischen Analyse geeignet. Im Unterschied zur ku-mulativen Massenbestimmung wird bei der Shot-to-Shot Raten- und Massen-messtechnik ein zeitlicher Verlauf des Massenstroms ermittelt, der als Einbla-serate bezeichnet wird. Die integrale Bewertung der Einblaserate führt direkt zur vom Injektor eingebrachte Gasmasse, die häufig als Einblasemasse oder Einblasemenge bezeichnet wird. Potentiale der CNG-Technologie sowie wachsende Anforderungen an gasdynamische Diagnostikverfahren resultier-ten in der Entwicklung neuartiger Messprinzipien, welche die zeitaufgelöste

Erfassung von gasförmigen Einblase-vorgängen, analog zur Einspritzdiagnostik, ermöglichten.

Mit dem Rohrindikatorprinzip [19] sowie der Messmethode nach W. ZEUCH [20] stehen zwei Shot-to-Shot Messprinzipien aus der Otto und Diesel Anwendung im Fokus. Aufgrund der spezifischen Eigenschaften kompressibler Gasströmungen (vgl. Kapitel 2) sind starke Abwandlungen der Messmethoden erforderlich.

Das Rohrindikatorprinzip basiert auf der Analyse der Druckerhöhung in einem Messkanal mittels Druck- und Temperatursensor. Der Einblasevorgang erfolgt in ein Rohr, welches mit dem Versuchsmedium gefüllt ist und unter Druck steht. Die aus der Einblasung resultierende Druckerhöhung wird im Rohrsystem erfasst. Aus der proportionalen Beziehung zwischen der zeitlichen Druckerhöhung und der Einblaserate wird die Einblasemasse für jeden einzelnen Einblasevorgang messbar. [21]

Die Zeuch Methode beruht ebenfalls auf der Auswertung des Druckanstiegs. Im Unterschied zum Rohrindikatorprinzip dient eine geschlossene Messkammer als Kontrollvolumen, welche in Abbildung 3.4 dargestellt ist. [21] Während eines Einblasevorgangs strömt Testgas durch den Injektor in die Messkammer. Der Strömungsvorgang führt zur Zustandsänderung innerhalb der Messkammer, welche durch den Druck- sowie Temperatursensor erfasst wird. Das Drosselventil regelt das Ausströmen des Testgases aus der Messkammer, so dass für den nachfolgenden Einblasevorgang erneut der ursprüngliche Kammerzustand erreicht wird. [22]

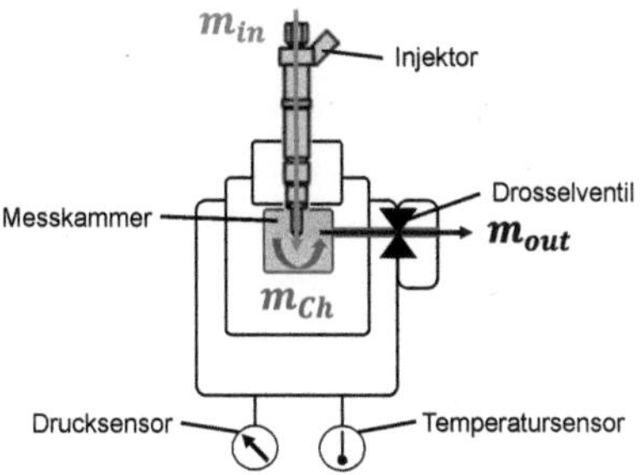

Abbildung 3.4: Schematische Darstellung eines Raten- und Massenmesssystem zur Analyse gasförmiger Einblasevorgänge nach [22]

Mit dem Ansatz der Massenerhaltung für das Messkammer-Kontrollvolumen V_{ch} lässt sich die einströmende Gasmasse m_{in} als Summe aus Gasmasse im Kontrollvolumen m_{ch} und ausströmender Gasmasse m_{out} wie in Gleichung 3.3 [23] zeitlich bilanzieren.

$$\frac{d}{dt}m_{in} = \frac{d}{dt}m_{ch} + \frac{d}{dt}m_{out}$$

Gl. 3.3

Unter Berücksichtigung der thermischen Zustandsgleichung für ideale Gase (vgl. Kapitel 2.1.2) lässt sich die zeitliche Massenänderung im Kontrollvolumen gemäß Gleichung 3.4 [23] beschreiben.

$$\frac{d}{dt}m_{ch} = \frac{d}{dt}\left(\frac{p_{ch}\cdot V_{ch}}{R_S \cdot T_{ch}}\right)$$

Gl. 3.4

Dabei ergibt sich eine direkte Abhängigkeit der Gasmasse im Kontrollvolumen m_{ch} von Druck p_{ch} und Temperatur T_{ch} innerhalb der Messkammer. Der Annahme einer isentropen Zustandsänderung (vgl. Kapitel 2.1.2) sowie einer druck- und temperaturunabhängigen spezifischen Gaskonstante R_S (vgl. Kapitel 2.1.1) folgt die Beschreibung [23]:

$$\frac{d}{dt}m_{ch} = \frac{V_{ch}}{\kappa \cdot R_S \cdot T_{ch}} \cdot \frac{d}{dt}p_{ch}$$

Gl. 3.5

Der durch das Drosselventil austretende Massenstrom ergibt sich bei überkritischem Druckverhältnissen (vgl. Kapitel 2.2) für den Austrittsquerschnitt A und den Ausflusskoeffizient der Düse c_D zu [23]:

$$\frac{d}{dt}m_{out} = \frac{A \cdot c_D}{\sqrt{R_S \cdot T_{ch}}} \cdot \sqrt{\kappa \cdot \left(\frac{2}{\kappa + 1}\right)^{\frac{\kappa+1}{\kappa-1}}} \cdot p_{ch}$$

Gl. 3.6

Analog zur aus der Einspritzdiagnostik bekannten Zeuch-Methode lässt sich die Massenbilanz aus Gleichung 3.3 [23] für gasförmige Einblasevorgänge in Abhängigkeit des Kammerdrucks p_{ch} beschreiben. Mittels Druck- und Temperaturmessung wird somit der zeitliche Verlauf des Einblasevorgangs bestimmbar. [23]

$$\frac{d}{dt}m_{in} = \frac{V_{ch}}{\kappa \cdot R_S \cdot T_{ch}} \cdot \frac{d}{dt}p_{ch} + \frac{A \cdot c_D}{\sqrt{R_S \cdot T_{ch}}} \cdot \sqrt{\kappa \cdot \left(\frac{2}{\kappa + 1}\right)^{\frac{\kappa+1}{\kappa-1}}} \cdot p_{ch} \qquad \text{Gl. 3.7}$$

Durch die integrale Bewertung des zeitlichen Einblaseverlaufs wird die einströmender Gasmasse m_{in} bestimmt, die im Zeitraum von Einblasebeginn t_{beg} bis zum Einblaseende t_{end} strömt. [23] Im ingenieurtechnischen Sprachgebrauch finden die Begriffe Einblaserate und Einblasemenge Verwendung.

$$m_{in} = \int_{t_{beg}}^{t_{end}} \frac{d}{dt}m_{in}\,dt \qquad \text{Gl. 3.8}$$

Der beschriebene Ansatz wurde von UNGARO und BUONO patentrechtlich geschützt und bietet mit Einschränkung der getroffenen Annahmen die Möglichkeit zur gasdynamischen Analyse einzelner Einblasevorgänge. [23] Zusammen mit dem Rohrindikatorprinzip stell dies den gegenwärtigen Stand der Technik gasdynamischer Shot-to-Shot Massendiagnostikverfahren dar.

3.3 Optische Strahldiagnostikverfahren

Optische Diagnostikverfahren stellen eine sinnvolle Ergänzung zu gasdynamischen Massendiagnostikverfahren dar und haben sich im CNG-Motorenentwicklungsprozess ebenso etabliert, wie in der Einspritzdiagnostik von Otto- und Dieselsystemen. Dabei bietet die optische Diagnostik zusätzliche Informationen zum Kraftstoffspray, insbesondere bezüglich der Gemischaufbereitung in motorischen und simulativen Untersuchungen. Jedoch besteht die wesentliche Herausforderung, anders als bei flüssigen Kraftstoffsprays, in der

Sichtbarmachung der gasförmigen Strömung. Die Analyse der Spraygeometrie ist Bestandteil der optischen Strahldiagnostikverfahren, unterstützt Simulationsprozesse und bietet Informationen zur Gemischaufbereitung.

Das Bestreben, Gasströmungen für das menschliche Auge zu visualisieren und messtechnisch zu erfassen, besteht bereits seit Jahrhunderten. Je nach Anwendungsfall lassen sich verschiedenste Ansätze wählen. Im einfachsten Fall bieten in Strömungen eingebrachte Fadengitter die Möglichkeit Richtungsfelder und Abreißgebiete qualitativ zu bewerten. Die Beimengung von Festkörpern oder Flüssigkeitsnebel in eine Gasströmung ermöglicht den Rückgriff auf etablierte optische Messverfahren, welche bei flüssigen Kraftstoffsprays Anwendung finden. Voraussetzung hierfür ist jedoch, dass die eingebrachten Partikel die Strömung nicht beeinflussen und sich ohne Trägheitseinflüsse innerhalb der Strömung bewegen. [24] Anschließend lässt sich bspw. das Particle Image Velocimetry Verfahren anwenden, um Geschwindigkeiten innerhalb der Gasströmung zu bestimmen. Die eingebrachten Partikel fungieren in diesem Fall als Tracer[2].

Vor dem Hintergrund hochdynamischer Einblasevorgänge hat sich nach heutigem Stand der Technik allerdings vielmehr das Schlieren Messverfahren etabliert. Bereits im 17. Jahrhundert entwickelte Robert Hooke[3] einen Schlieren-Aufbau, um die bei brennenden Kerzen aufsteigenden Schlieren zu beobachten. Zwischen 1859 und 1864 entwickelte August Toepler [4]das Schlieren Verfahren, wie es heute Verwendung findet. [25]

Durchlicht Schlieren-Messverfahren

Das Durchlicht Schlieren Messverfahren ist eine Methode, um Dichtegradienten in transparenten Medien für das menschliche Auge sichtbar zu machen. Während sich Licht in homogenen Medien gleichförmig bewegt, kommt es in inhomogenen Strömungen aufgrund von Dichtegradienten zur Beugung der

---

[2]von engl. trace = Spur
[3]Robert Hooke (1635-1703) englischer Universalgelehrter, bekannt durch das nach ihm benannte Elastizitätsgesetz
[4]August Joseph Ignaz Toepler (1836-1912) Physiker und Entwickler des Schlierenverfahrens in der Fotografie

Lichtstrahlen. Dichtegradienten können in transparenten Gasströmungen durch Druckwellen, Temperaturgradienten oder Medienunterschiede entstehen. Die unterschiedliche Lichtausbreitung in verschiedenen Medien wird durch den Brechungsindex des Strömungsmediums n beschrieben, der die Lichtgeschwindigkeit c_0, im Vakuum ca. $3 \cdot 10^8 \frac{m}{s}$, und die Schallgeschwindigkeit c nach Gleichung 3.9 [25] in Beziehung setzt.

$$n = \frac{c_0}{c}$$

Gl. 3.9

Für Luft und andere Gase besteht nach 3.10 [25] ein linearer Zusammenhang zwischen Brechungsindex des Strömungsmediums n und Dichte ρ, der durch den Gladestone-Dale Koeffizient k beschrieben ist. Folglich tritt eine Beugung von Lichtstrahlen nicht nur bei Phasenübergängen zwischen verschiedenen Medien auf, sondern auch als Resultat von Dichtegradienten innerhalb eines strömenden Mediums.

$$n - 1 = k \cdot \rho$$

Gl. 3.10

Der Gladstone-Dale Koeffizient für Luft beträgt unter Standardbedingungen $0{,}23 \frac{cm^3}{g}$ und variiert für andere gasförmige Medien zwischen $1{,}5 \frac{cm^3}{g}$ und $0{,}1 \frac{cm^3}{g}$. Dennoch variiert der Brechungsindex für gasförmige Medien nur geringfügig. Bei $0 \,°C$ und $1 \, bar$ Druck beträgt der Brechungsindex für Luft $n = 1{,}000292$, für Helium $n = 1{,}00035$. In kompressiblen Strömungen besteht der Zusammenhang nach 3.11 [25], vgl. Kapitel 2.2, so dass sich Druck- und Temperaturgradienten über deren Beziehung zum Dichtegradienten ebenfalls auf den Brechungsindex auswirken.

$$\frac{p}{\rho} = R_S \cdot T$$

Gl. 3.11

Selbst starke Dichtegradienten wirken sich nur geringfügig auf den Brechungsindex aus, weshalb hohe Anforderungen an die optische Sensitivität eines Schlieren Messaufbaus bestehen. Im Durchlichtverfahren sind Beleuchtungsquelle und Kamera entlang einer Achse positioniert, sodass die Beugung des Lichts entlang des Testgebiets abgebildet werden kann. Ausgehend von einer punktförmigen Lichtquelle, die sich im Brennpunkt der Linse befindet, wird das Licht durch die Linse parallelisiert und in das Testgebiet geleitet. Die Anforderung an die Lichtquelle ist durch den Zielkonflikt zwischen ausreichender Lichtenergie, folglich einer langen Belichtungsdauer, und entstehender Bewegungsunschärfe, gleichbedeutend mit einer minimalen Belichtungsdauer, geprägt. Als Lichtquelle kommen daher Laser oder Hochleistungs-LEDs zum Einsatz, deren Lichtkegel durch eine Blende mit sehr kleiner Öffnung an eine ideale punktförmige Lichtquelle angenähert werden. Bei der Verwendung von monochromatischem Laser als Lichtquelle treten aufgrund des kohärenten Lichts Interferenzerscheinungen auf, die in der Schlieren Aufnahme als helle Bildpunkte erscheinen und die Bildanalyse erschweren. Neuentwicklungen bieten die Möglichkeit, Interferenzerscheinungen durch die Verwendung inkohärenter, multichromatischer LED-Lichtquellen zu vermeiden, gleichzeitig jedoch mittels synchronisierter LED-Arrays ausreichend Lichtenergie bereitzustellen.

Für die hochfrequente Aufzeichnung eines Einblasevorgangs finden nach heutigem Stand der Technik Hochgeschwindigkeitskameras Verwendung, die über einen lichtsensitiven CMOS-Sensor verfügen. Die Gasströmung tritt bei Einblasevorgängen mit Schallgeschwindigkeit in das Testgebiet ein und erfolgt im Millisekunden Bereich, wodurch sehr hohe Bildraten für deren optische Erfassung erforderlich sind. In gleichem Maß ist die Verschlusszeit (shutter-speed) der Kamera von Bedeutung, um Bewegungsunschärfen als Folge langer Belichtungszeiten zu verhindern. Im Wesentlichen sind heutige Hochgeschwindigkeitsaufnahmen durch die Bildrate begrenzt, da die Datenmenge nicht schnell genug vom CMOS-Sensor ausgelesen werden kann. Um für die relevanten Bereiche der Schlieren Aufnahmen ausreichende Bildraten gewährleisten zu können, wird häufig nicht die gesamte räumliche Auflösung des Bildsensors verwendet, wodurch sich die Datenmenge reduziert. Folglich stellt sich auch hier ein Zielkonflikt zwischen räumlicher Bildauflösung und Bildwiederholungsrate ein.

Ein typischer Aufbau zur Analyse gasförmiger Strömungen mittels Durchlicht Schlieren Messverfahren ist nachfolgend in Abbildung 3.5 dargestellt.

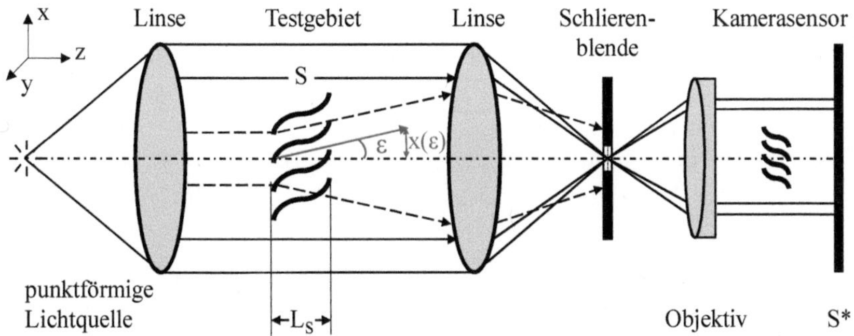

Abbildung 3.5: Typischer Durchlicht Schlieren-Aufbau als zwei Linsensystem zur Analyse von gasförmigen Strömungen, eigene Darstellung nach [25]

Ausgehend von der im Brennpunkt der Linse liegenden punktförmigen Lichtquelle tritt parallelisiertes Licht in das Testgebiet ein. In einem kartesischen Koordinatensystem breitet sich das parallele Licht in z-Richtung aus. Entlang des Testgebiets treffen die Lichtstrahlen auf Dichtegradienten, die als Schlieren S dargestellt sind. Dabei kommt es nach Gleichung 3.12 [25] zur Beugung in x- und y-Richtung, entsprechend dem Brechungsindex des Strömungsmediums n, der innerhalb der Schliere S vorherrscht.

$$\frac{\partial^2 x}{\partial z^2} = \frac{1}{n}\frac{\partial n}{\partial x}, \qquad \frac{\partial^2 y}{\partial z^2} = \frac{1}{n}\frac{\partial n}{\partial y} \qquad \text{Gl. 3.12}$$

Für zweidimensionale Schlieren mit der Ausbreitungslänge LS und dem Brechungsindex des Umgebungsmediums n_0 ergibt sich der Strahlbeugungswinkel in x-Richtung ε_x sowie der Strahlbeugungswinkel in y-Richtung ε_y nach Gleichungen 3.13 [25] und 3.14 [25].

$$\varepsilon_x = \frac{1}{n} \int \frac{\partial n}{\partial x} \partial z \, , \qquad \varepsilon_y = \frac{1}{n} \int \frac{\partial n}{\partial y} \partial z \qquad \text{Gl. 3.13}$$

$$\varepsilon_x = \frac{L_S}{n_0} \frac{\partial n}{\partial x} \, , \qquad \varepsilon_y = \frac{L_S}{n_0} \frac{\partial n}{\partial y} \qquad \text{Gl. 3.14}$$

Die gebeugten Lichtstrahlen treffen am Ende des Testgebiets in der x-Ebene um den Schliere-Versatz in x-Richtung $x(\varepsilon)$ auf die Linse. Zur Visualisierung der Schlieren wird eine Schlieren-Blende in der Fokalebene der Sammellinse eingebracht. Die aufgrund der Dichtegradienten innerhalb der Schliere gebeugten Lichtstrahlen werden nicht mehr im Brennpunkt der Sammellinse gebrochen, so dass die afokalen Anteile von der Schlieren-Blende abgeschattet werden. Hingegen durchdringen die unbeeinflussten Lichtstrahlen im Brennpunkt die Schlieren-Blende und werden durch das Objektiv auf dem Kamerasensor abgebildet. Das Schlieren-Bild $S*$ in seinen Graustufen zeigt demzufolge helle Bereiche, in denen Lichtstrahlen unbeeinflusst durch das Testgebiet gelangt sind sowie dunkle Bildbereiche der afokalen Anteile. Das so entstandene Schlieren-Bild ermöglicht durch Bildanalysen Rückschlüsse auf die Gasströmung. [25]

3.4 Variables Laborkonzept für Gasdiagnostik

Die Mercedes-Benz AG verfügt über eine Vielzahl von Komponenten- und Motorenprüfständen, die zur Entwicklung von Verbrennungsmotoren genutzt und stetig weiterentwickelt werden. Für die Entwicklung von Otto- und Diesel-Einspritzsystemen steht ein standardisiertes Laborkonzept zur Verfügung, welches für die Versuche und Messungen im Rahmen dieser Arbeit verwendet und hinsichtlich spezifischer Anforderungen für die Entwicklung von

Einblasekomponenten weiterentwickelt wird. Das standardisierte Laborkonzept ermöglicht die Vergleichbarkeit zwischen einzelnen Laboren sowie Messsystemen. Das Konzept ist in Abbildung 3.6 schematisch dargestellt.

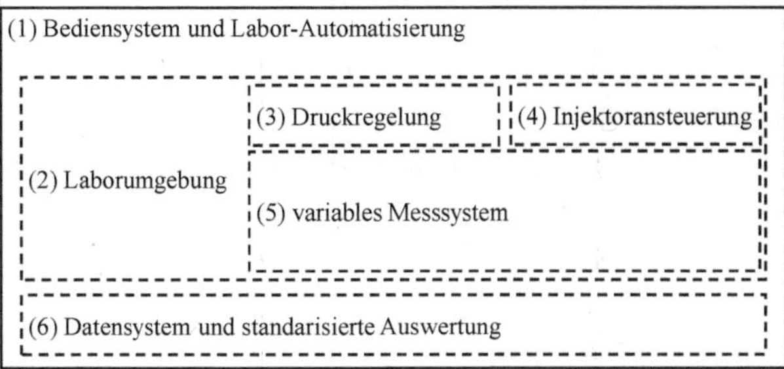

Abbildung 3.6: Standardisiertes Laborkonzept für die Entwicklung von Einspritz- und Einblasekomponenten

Den Rahmen für das Laborkonzept bildet das Bediensystem und die Labor-Automatisierung (1) in deren Zentrum der Laborrechner mit einer individualisierten Automatisierungssoftware der Firma Loccioni steht. Die Automatisierungssoftware basiert auf LabVIEW und dient zur Steuerung und Überwachung aller Geräte und Laborsysteme. Jedes Labor verfügt über ein Druckregelsystem, elektrische Endstufen zur Injektoransteuerung, das zentrale Messsystem sowie die Anbindung an Datensysteme und standardisierte Auswertungen. Das Labor kann manuell oder automatisiert betrieben werden. Einheitliche Softwareschnittstellen ermöglichen die Einbindung verschiedenster Teilsysteme aus der Laborumgebung (2). Neben elektrischen Anschlüssen bietet die Laborumgebung Hausleitungsanschlüsse für Wasser und Druckluft, die zur Temperierung bzw. für pneumatische Regelsysteme genutzt werden können. Als Medienversorgung stehen Stickstoff, Methan und Helium zur Verfügung. Eine Lüftungsanlage stellt einen kontinuierlichen Luftwechsel sicher und verhindert die Bildung von zündfähigen Gaskonzentrationen in den Laborräumen. Als weitere Sicherheitsvorkehrung überwachen HC-Sensoren die Konzentration an Kohlenwasserstoffen kontinuierlich.

Während die Druckregelung (3) für Otto- und Diesel Einspritzanalysen über fahrzeugnahe Nieder- und Hochdrucksysteme erfolgt, werden für gasdynamische Einblaseanalysen Druckminderer eingesetzt die das unter Hochdruck stehende Versuchsmedium aus der Laborversorgung auf den gewünschten

Betriebsdruck entspannt. Für die dynamische Regelung und flexible Labornutzung kommen Druckregler der Firma Bronkhorst zum Einsatz, die über standardisierte Schnittstellen in die Laborumgebung und Automatisierung eingebunden sind.

Für die elektrische Injektoransteuerung (4) stehen im flexiblen Laborkonzept verschiedene Laborendstufen zur Verfügung. Diese ermöglichen Ansteuerprofile variabel an die zu analysierenden Gasinjektoren anzupassen und Parameter zu variieren. Alternativ lassen sich mittels Restbussimulation Motorsteuergeräte integrieren, die fahrzeugnahe Ansteuerbedingungen über die Steuergeräteendstufen sicherstellt.

Im Zentrum des Laborkonzepts steht das variable Messsystem (5). Für optische und gasdynamische Messanalysen von Einblasekomponenten wird eine hohe Flexibilität von den jeweiligen Messsystemen gefordert. Das Massenmesssystem AirMexus des Herstellers Loccioni und die Kalte Kammer zur optischen Strahlanalyse sind die beiden zentrale Gasdiagnostik Messsysteme in den Laboren der Mercedes-Benz AG. Ergänzt werden die zentralen Messsysteme durch eine Vielzahl an hochsensiblen und dynamischen Druck- und Temperatursensoren.

Das Datensystem (6) wird von einer Injektordatenbank gestützt, welche Injektoren inklusive derer spezifischen Eigenschaften zentral verwaltet. Messergebnisse werden standardisiert und unter Beschreibung der relevanten Versuchsparameter abgelegt, mittels selbstentwickelter Auswertelogiken, basierend auf der Software DIAdem der Firma National Instruments, analysiert und in Form von Standardauswertungen dokumentiert.

3.4.1   Messsystem AirMexus

Das AirMexus aus Abbildung 3.7 ist ein Shot-to-Shot Massenmesssystem für gasförmige Einblasevorgänge, welches auf der Zeuch Messmethode basiert (vgl. Kapitel 3.2). Dabei hat der Hersteller Loccioni, aufbauend auf den Mexus-Messsystemen für flüssige Einspritzvorgänge, die Messmethodik auf gasförmige Einblasevorgänge adaptiert und weiterentwickelt.

Während des Einblasevorgangs gelangt das Testgas durch den Injektor (1) in die Messkammer (7). Der Strömungsvorgang führt zur Zustandsänderung innerhalb der Messkammer, welche durch einen piezoelektrischen (2) und einen piezoresistiven Drucksensor (3) mit einer Abtastrate von 500 kHz sowie die mittels Temperatursensor (4) mit einer Abtastrate von 5 kHz je Einblase-vorgang erfasst werden. Das Drosselventil (6) regelt das Ausströmen des Testgases aus der Messkammer, so dass für den nachfolgenden Einblasevorgang erneut der ursprüngliche Kammer-zustand erreicht wird. Dabei wird über das Überdruckventil (5) zu jeder Zeit ein sicherer Betrieb garantiert. [22]

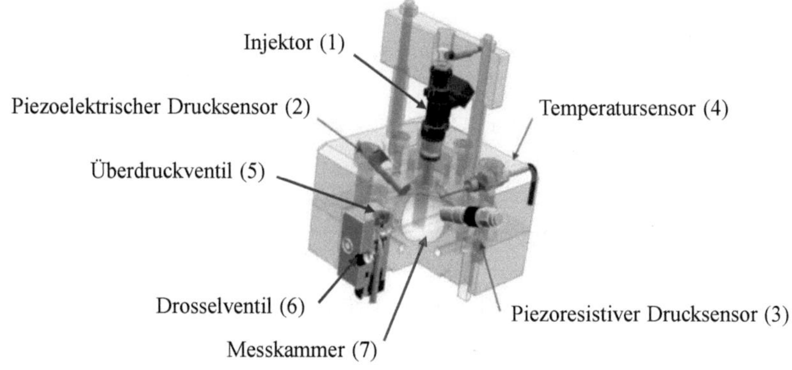

Abbildung 3.7: AirMexus Raten- und Massenmesssystem der Firma Loccioni zur Analyse gasförmiger Einblasevorgänge [22]

Die technischen Daten des Messsystems AirMexus sind in Tabelle 3.1 aufgeführt.

Der in Kapitel 3.2 nach der Zeuch-Methode beschriebene Ansatz zur Bestimmung der Einblasemasse wird im AirMexus und der dazugehörigen Software operationalisiert und nachfolgend erläutert.

Tabelle 3.2:   Datenblatt zum Messsystem AirMexus des Herstellers Loccioni [26]

Messgrößen	Einblasemasse, Einblaserate, Öffnungs- und Schießverzögerung
Messbereich	0,8 bis 100,0 mg/Einblasung
Einblasefrequenz	10 bis 50 Hz
Messgenauigkeit	0,1 mg/Einblasung im Bereich 0,8 bis 20,0 mg/Einblasung
Auflösung	0,001 mg/Einblasung im Bereich 0,8 bis 20,0 mg/Einblasung
Kammerdruck	2 bis 15 bar
Testmedium	Luft, Stickstoff, inerte oder nicht explosive Gase

Mit dem Öffnungsvorgang des Injektors strömt das Testmedium mit der spezifischen Gaskonstanten R_S und dem Isentropenexponenten κ in das Messkammervolumen V_{ch}. In der Messkammer lässt sich die Temperatur T_{ch} mittels Temperatursensor erfassen. Die Drosselwirkung am Ausflussventil führt zu einem Druckanstieg p_{ch}, der über einen piezoelektrischen und einen piezoresistiven Sensor erfasst wird. Nach dem Schließen des Injektors strömt die Einblasemasse m_{in} über das Drosselventil mit dem Ausflussquerschnitt A und dem Ausflusskoeffizienten c_D, welches nicht als Lavaldüse ausgeführt ist, aus der Messkammer. Der minimale Messkammerdruck von *2 bar* stellt zu jeder Zeit ein überkritisches Ausströmen des Testmediums aus der Messkammer statt, so dass Gleichung 3.15 [26] gilt.

$$\frac{d}{dt}m_{in} = \frac{V_{ch}}{\kappa \cdot R_S \cdot T_{ch}} \cdot \frac{d}{dt}p_{ch} + \frac{A \cdot c_D}{\sqrt{R_S \cdot T_{ch}}} \cdot \sqrt{\kappa \cdot \left(\frac{2}{\kappa + 1}\right)^{\frac{\kappa+1}{\kappa-1}}} \cdot p_{ch} \qquad \text{Gl. 3.15}$$

Gleichung 3.15 lässt sich mit der Einführung der Konstanten C_1 und C_2 zu Gleichung 3.18 vereinfachen. [26]

$$C_1 = \frac{V_{ch}}{\kappa \cdot R_S \cdot T_{ch}} \qquad \text{Gl. 3.16}$$

$$C_2 = \frac{A \cdot c_D}{\sqrt{R_S \cdot T_{ch}}} \cdot \sqrt{\kappa \cdot \left(\frac{2}{\kappa + 1}\right)^{\frac{\kappa+1}{\kappa-1}}} \qquad \text{Gl. 3.17}$$

$$\frac{d}{dt} m_{in} = C_1 \cdot \frac{d}{dt} p_{ch} + C_2 \cdot p_{ch} \qquad \text{Gl. 3.18}$$

Der Berechnungsalgorithmus des AirMexus berechnet die Konstante C_1 zu Beginn einer jeden Einblasung auf Basis der gemessenen Kammertemperatur T_{ch}, des Messkammervolumens V_{ch} und den als unveränderlich angenommenen Stoffeigenschaften R_S und κ. Die Bestimmung der Konstanten C_2 findet statt, während der Injektor geschlossen ist und der einströmende Massenstrom Null beträgt. [26]

$$\frac{d}{dt} m_{in} = 0 = C_1 \cdot \frac{d}{dt} p_{ch} + C_2 \cdot p_{ch} \qquad \text{Gl. 3.19}$$

$$C_2 = -\frac{C_1}{p_{ch}} \cdot \frac{d}{dt} p_{ch} \qquad \text{Gl. 3.20}$$

Auf Basis der berechneten Konstanten C_1 und C_2, dem zeitaufgelösten Drucksignal sowie dessen partieller Ableitung nach der Zeit ergibt sich der zeitliche Verlauf der Einblasemasse $\frac{d}{dt} m_{in}$, der als Einblaserate bezeichnet wird. Um Einblasebeginn und -ende anhand der Einblaserate zu ermitteln, werden jeweils zwei Schwellwerte S_1 und S_2 in Bezug auf den Maximalwert der Einblaserate definiert. Jeweils eine Gerade durch die Schnittpunkte der

Schwellwerte S_1 und S_2 mit dem zeitlichen Verlauf der Einblaserate führen nach Abbildung 3.8 zum Einblasebeginn t_{beg} und Einblaseende t_{end}. [26]

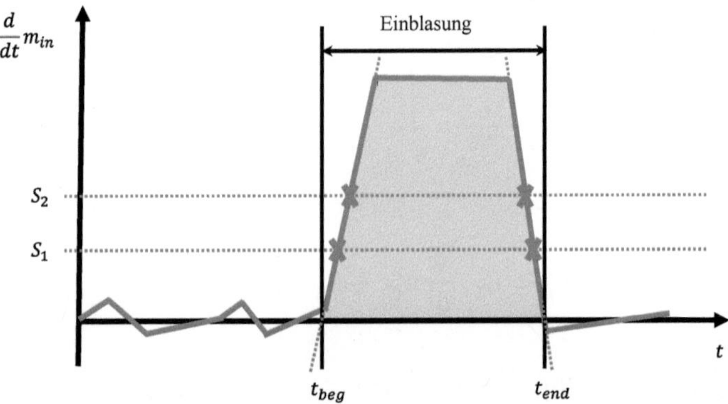

Abbildung 3.8: Einblaserate $\dot{m}_{in}$ auf Basis der AirMexus Konstanten C_1 und C_2 sowie dem Messkammerdrucksignal p_{ch} mit den Schwellwerten S_1 und S_2 nach

$$m_{in} = \int_{t_{beg}}^{t_{end}} \frac{d}{dt} m_{in} \, dt \qquad\qquad \text{Gl. 3.21}$$

Durch die integrale Bewertung des zeitlichen Einblaseverlaufs nach Gleichung 3.21 wird die einströmende Gasmasse m_{in} bestimmt, die im Zeitraum von Einblasebeginn t_{beg} bis zum Einblaseende t_{end} strömt. Im ingenieurtechnischen Sprachgebrauch finden die Begriffe Einblaserate und Einblasemenge Verwendung.

3.4.2 Kalte Kammer zur optischen Strahlanalyse

Die Kalte Kammer steht im Zentrum des Optiklabors zur optischen Strahlanalyse von CNG-Einblasevorgängen. Die Kalte Kammer ist eine Druckkammer, die mit ihrem speziellen Design einen optischen Zugang bietet, um die Gasstrahlausbreitung des Einblasevorgangs mittels Hochgeschwindigkeitskameras aufzuzeichnen und im Nachgang zu analysieren. Die quadratische

Druckkammer (1) ist in Abbildung 3.9 dargestellt, verfügt über ein Volumen von 6000 cm³ und optischen Zugang über Quarzgläser (2) mit 100 mm Durchmesser an fünf Seiten. Der Injektor (4) ist mittels Aufnahmeflansch (3) an der sechsten Seite der Druckkammer positioniert. Mittels Injektoraufnahme (5) lassen sich Gasinjektoren in die Druckkammer einbringen, wobei über variable Distanzsangen unterschiedliche Injektorgeometrien berücksichtigt werden. Der Niederhalter (6) fixiert den Injektor in der Kalten Kammer und integriert den Zustrom des Testmediums.

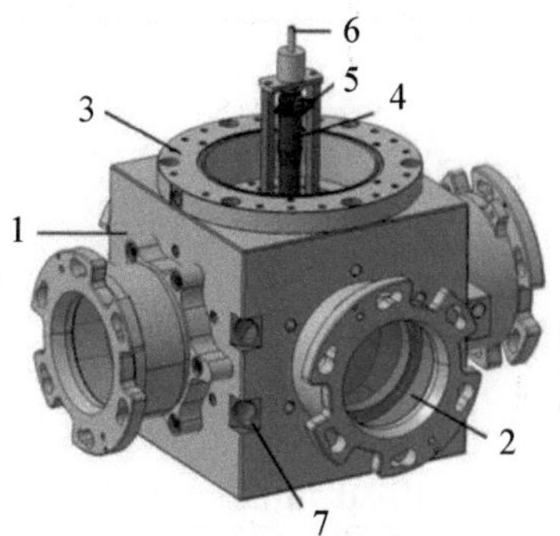

Abbildung 3.9: Konstruktionszeichnung der Kalten Kammer zur optischen Strahlanalyse von CNG Einblasevorgängen

Die seitlichen Zugänge (7) der Messkammer dienen zur Einbringung von Messsensoren sowie zur Einleitung von Stickstoff. Der eingeleitete Stickstoff dient zur Druckerzeugung, um den Kammerdruck als Versuchsparameter zu variieren, und als kontinuierlicher Spülmassenstrom. Überdruckventile mit Berstscheiben ermöglichen zu jeder Zeit einen sicheren Betrieb.

Die Kalte Kammer dient ausschließlich zur Analyse des Gasstrahls unter außermotorischen Randbedingungen und vernachlässigt innermotorische Effekte wie Ladungswechsel oder Kolbenbewegung. In der Kalten Kammer wird das eingebrachte Medium im Gegensatz zur Heißen Kammer nicht verbrannt, weshalb sie sich im Speziellen für die Komponentenanalyse von Einblasesystemen eignet und im Betrieb wesentlich einfacher handhabbar ist.

Für die optische Erfassung des Gasstrahls findet das Durchlicht Schlieren-Messverfahren nach Kapitel 3.3 Anwendung. Der optische Zugang der

Kalten Kammer ermöglicht die Visualisierung und Aufzeichnung von Injektor-Gaseinblasungen über Hochgeschwindigkeitskameras. Der Schlieren-Aufbau, in dessen Zentrum die Kalte Kammer steht, ist nachfolgend in Abbildung 3.10 veranschaulicht.

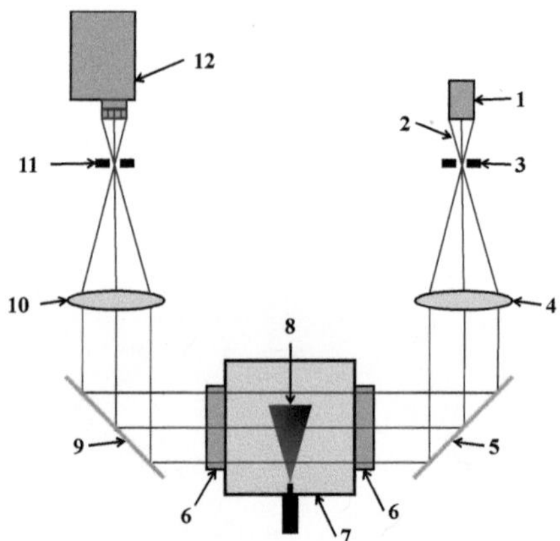

Abbildung 3.10: Schlieren-Aufbau mit der Kalten Kammer zur optischen Strahlanalyse [27]

Die weiße Hochleistungs-LED (1) emittiert die Lichtstrahlen (2), welche durch eine Lochblende (3) gebündelt werden, und dient als punktförmige Lichtquell im Schlieren-Aufbau. Durch die bikonvexe Linse (4) mit einer Brennweite von 300 *mm* wird das Licht parallelisiert. Über dem Präzisionsspiegel (5) werden die parallelisierten Lichtstrahlen durch die Quarzgläser (6) in die Kalte Kammer (7) geleitet. Die Oberflächengüte der Präzisionsspiegel hat direkten Einfluss auf die Messqualität des Schlieren-Aufbaus. Mit einem Viertel der Lichtwellenlänge ist die Oberflächengüte speziell darauf ausgelegt keine Lichtstrahlen abzulenken und demnach geeignet für die optische Analyse von Gasstrahlen. Sobald die parallelen Lichtstrahlen auf den Gasstrom der Injektoreinblasung (8) treffen, werden diese aufgrund der Dichtegradienten abgelenkt und verlassen die Kalte Kammer. Im Anschluss werden die Lichtstrahlen von einem weiteren Präzisionsspiegel (9) umgelenkt und von einer bikonvexen Linse (10) im Brennpunkt der Schlieren-Blende (11) gebündelt. Die Schlieren-Blende regelt die Sensitivität des Schlieren-Aufbaus, indem nur das durchfallende Licht in der Hochgeschwindigkeitskamera (12) erfasst wird. Die Hochgeschwindigkeitskamera trägt maßgeblich zu der Qualität der Ergebnisse bei. Für die Analysezwecke dieser Arbeit steht die PHOTRON FASTCAM SA5 zur Verfügung. Sie besitzt einen CMOS-Bildsensor mit einer maximalen Auflösung von 1.024 x 1.024 Pixel und einer Farbtiefe von 12 Bit. Bei höchster Auflösung ist eine maximale Framerate von 7.000 fps möglich. Mit der höchsten Framerate von 775.000 fps ist eine Auflösung von 128 x 24 Pixel möglich. Um eine derart kurze Belichtungszeit realisieren zu können, ist ein elektrischer Shutter integriert, die kürzeste Belichtungszeit beträgt eine Mikrosekunde.

3.4.3 Versuchsaufbau und allgemeine Messtechnik

Für die Analysezwecke dieser Arbeit kommen neben den spezifischen Messsystemen AirMexus und Kalte Kammer verschiedene Standardmesstechnikumfänge zum Einsatz. Das variable Laborkonzept stellt das Messystem in den Mittelpunkt, wonach sich ein Versuchsaufbau nach Abbildung 3.11 ergibt. Der dargestellte Versuchsaufbau ist auf einem mobilen Labortisch umgesetzt. Die Anbindungen an die elektrischen Ansteuerungsmodule, Datensysteme, Medienversorgung und Lüftungssysteme erfolgen über definierte und eigens konzipierte Übergabepunkte.

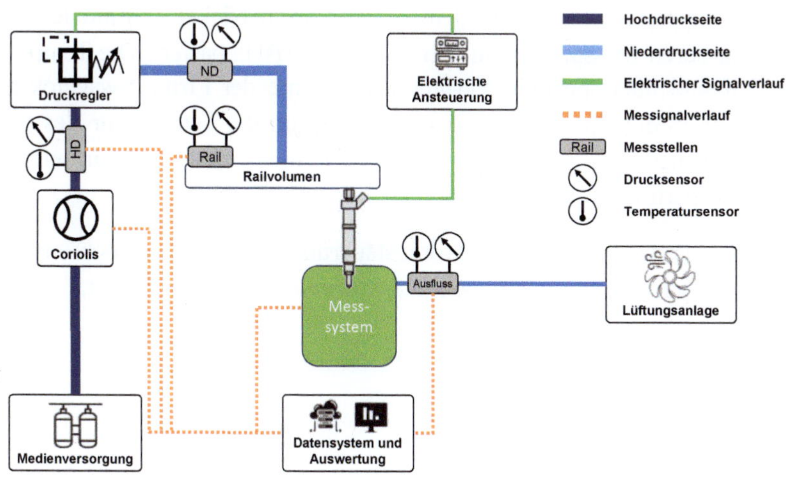

Abbildung 3.11: Eigene Darstellung des flexiblen Versuchsaufbaus für die Einbindung verschiedener Messsysteme

Ausgehend von der Medienversorgung des Gasdynamiklabors strömt das Testgas unter Hochdruck über das kumulative Coriolis-Massenmesssystem zum Druckregler, der das Testgas auf den gewünschten Einblasedruck hin zur Niederdruckseite entspannt. Für die hochpräzise Druckregelung werden Druckregler der Firma BRONKHORST eingesetzt, die über die elektrische Ansteuerung und Laborumgebung und -Automatisierung eingebunden sind. Je nach Versuchsplanung werden Bronkhorst Druckregler mit angepasstem Regel- und Durchflussbereich ausgewählt. Das anschließende Railvolumen dient als Druckspeicher, aus dem das Testgas über den Injektor in das Messsystem einströmt. Für die Analysezwecke dieser Arbeit wurde ein variables Railvolumen entwickelt, welches in Kapitel 4.3 genauer vorgestellt wird. Die gasführenden Verbindungsleitungen der Firma SWAGELOK sind hochdruckbeständig und PTFE[5] beschichtet, um den Wärmeeintrag bzw. -austrag auf das strömende Testgas zu minimieren.

Im Versuchsaufbau sind an zentralen Punkten Messstellen eingebracht, welche mittels Druck- und Temperatursensoren ausgestattet sind. Die hochauflösenden piezoresistiven Drucksensoren der Firma KISTLER erfassen den statischen Druck und sind bzgl. ihres Messbereichs auf die jeweilige Einbauposition im Hochdruck- oder Niederdruckbereich ausgelegt.

Für die Temperaturmessung werden Nickel-Chrom-Nickel Thermoelemente eingesetzt, deren Messprinzip auf dem Seebeck Effekt basiert. Die Temperatursonden sind über spezielle Verbindungssysteme der Firma Swagelok auf PTFE-Basis in die Gasströmung eingebunden, um die Temperatur des strömenden Testmediums zu erfassen und das Thermoelement von wärmeleitfähigeren Körpern zu entkoppeln.

Die elektrischen Signale der Injektoransteuerung werden über hochsensitive und -dynamische Strommesszangen und Spannungstastköpfe erfasst.

---

[5] PTFE = Polytetrafluorethylen, sehr geringe Wärmeleitfähigkeit im Vergleich zu Metallen

3.4.4　Analysen und Kenngrößen

Die gasdynamische Analyse und Entwicklung von Kenngrößen sind nach Stand der Technik maßgeblich durch kumulative Messtechniken geprägt. Dies zeigt sich insbesondere bei Veröffentlichungen zur Entwicklung direkteinblasender Injektoren. Für die Validierung ausreichend großer Einblasemassen und deren linearen Bezug zur elektrischen Injektoransteuerung werden kumulative Durchflussmassenkennfelder ermittelt. [17] BOHATSCH [16] und SCHUMACHER [28], verknüpfen darüber hinaus den Injektor-Nadelhub und den Ansatz der Ausflussfunktion (vgl. Kapitel 2.2) mit der kumulativen Durchflussmassenmessung. Eine Analysekenngrößen bietet das AirMexus Shot-to-Shot Massenmesssystem des Herstellers LOCCIONI, nach Abbildung 3.12.

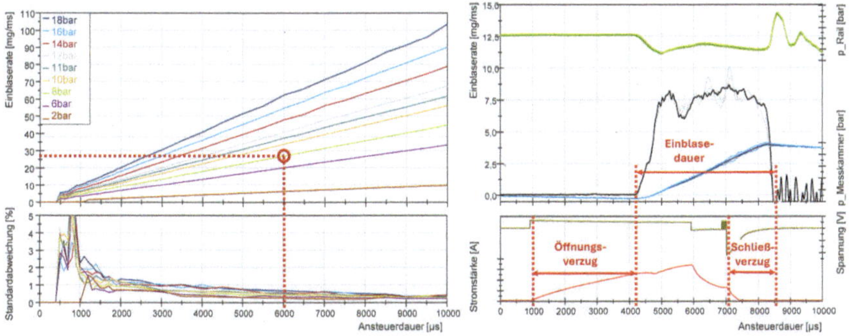

Abbildung 3.12: Darstellung der Einblasemasse für Injektor B in Abhängigkeit von Einblasedruck und elektrischer Ansteuerdauer [27]

Das Durchflussmassenkennfeld (links) bietet, neben Informationen für die Injektorentwicklung, auch die Grundlage für die Verbrennungsapplikation. Dabei wird der elektrischen Ansteuerdauer des Injektors in Millisekunden eine Gasmasse in Milligramm zugeordnet. Öffnungs- und Schließeffekte werden in der Einblaserate (rechts) bewertbar. Durch die zeitsynchrone Erfassung der elektrischen Ansteuerparameter wir der Öffnungs- und Schließverzug quantifizierbar.

- Einblasebeginn = Ansteuerbeginn + Öffnungsverzug

- Einblaseende = Ansteuerende + Schließverzug

- Einblasedauer=Einblaseende - Einblasebeginn

Durch die gemessene Einblaserate lassen sich wichtige Erkenntnisse in Bezug auf die Gemischaufbereitung erzielen. In gleicher Weise hilft die Analyse einzelner Einblasevorgänge die Standardabweichung der Gasmasse zu bestimmen und stellt daher eine sinnvolle Ergänzung zum kumulativen Durchflussmassenkennfeld dar. [22]

Die optische Strahlanalyse mittels Hochgeschwindigkeitskameras basiert auf dem Durchlicht Schlieren-Verfahren und liefert als Ergebnis Zeitsequenzen von schwarz-weiß Bildern. Abbildung 3.14 zeigt ein exemplarisches Schlieren-Bild, anhand welchem sich zentrale Bildpunkte bestimmen lassen.

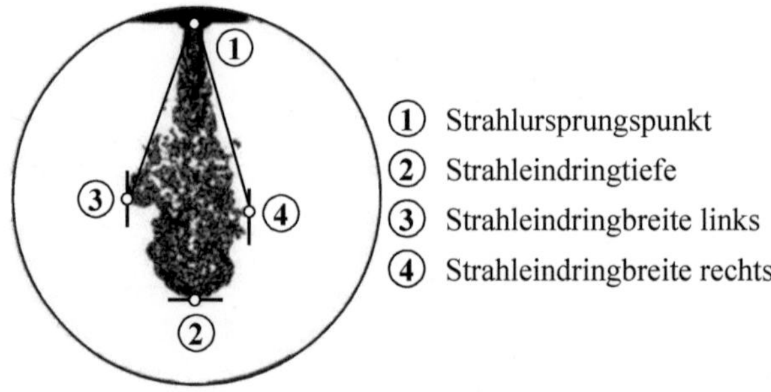

Abbildung 3.13: Kenngrößen der optischen Strahlanalyse [22]

Der Strahlursprungspunkt 1 hängt von der Einbaulage des zu untersuchenden Gasinjektors in der Messkammer ab und definiert den Austrittspunkt des Gasstrahls nach Injektoröffnung und Einblasebeginn. Die Strahleindringtiefe 2 beschreibt den vordersten Punkt des Gasstroms in Ausbreitungsrichtung, wobei die Strahleindringbreite links 3, bzw. rechts 4 die Ausbreitung senkrecht zur Einblaserichtung beschreiben. Anhand der definierten Strahlpunkte lassen sich für alle Bilder der Aufnahmesequenz Kenngrößen, angepasst an den Analysezweck, ermitteln. [22]

4 Verbesserte Gasdiagnostik

Außermotorische Analysetechniken haben entscheidenden Anteil am Entwicklungsprozess von Motorenkomponenten, die ermittelten Mess- und Kenngrößen können jedoch prinzipbedingt von motorischen Untersuchungen abweichen. Eine Ursache hierfür sind Differenzen zwischen außermotorischen und motorischen Randbedingungen. Grundvoraussetzung für eine zielgerichtete Anwendung von gasdynamischen Massendiagnostikverfahren sowie optischen Sprayanalysen im CNG-Motorenentwicklungsprozess ist daher die Abbildung motornaher Randbedingungen in außermotorischen Untersuchungen von Einblasevorgängen. Hieraus ergibt sich der Bedarf an verbesserter Gasdiagnostik, da die bisherigen Analysetechniken, insbesondere für einen Übertrag entlang der Toolkette, weitestgehend ungeeignet sind. In diesem Kapitel richtet sich der Fokus auf die Verbesserung gasdynamischer Massendiagnostikverfahren.

4.1 Versuchsaufbau und Versuchsparameter

Das variable Laborkonzept wurde in Kapitel 3.4 vorgestellt, wobei im Zentrum der Labortechnik die variable Messtechnik steht. Für die gasdynamische Massendiagnostik steht das AirMexus Shot-to-Shot Massenmesssystem zur Verfügung, welches im Kapitel 3.4.1 vorgestellt wurde. Der für die Arbeit zur Verfügung stehende Versuchsaufbau ist in Abbildung 4.1 dargestellt.

Für einen gasförmigen Einblasmassenstrom von CNG-Injektoren lassen sich unter Berücksichtigung der Ausflussfunktion die nachfolgend aufgeführten Einflussfaktoren identifizieren. Im realen Verbrennungsmotor strömt Erdgas unter dem anliegenden Raildruck über CNG-Injektoren gesteuert in eine unter Gegendruck stehende gasförmige Umgebung. Dabei sind sowohl die Injektoren wie auch das Gas den Temperaturen ausgesetzt, die im Verbrennungsmotor vorherrschen. Neben der Temperatur beeinflussen im Wesentlichen

© Der/die Autor(en), exklusiv lizenziert an
Springer Fachmedien Wiesbaden GmbH, ein Teil von Springer Nature 2025
P. Sayer, *Verbesserte Gasdiagnostik im CNG-Motorenentwicklungsprozess*,
Wissenschaftliche Reihe Fahrzeugtechnik Universität Stuttgart,
https://doi.org/10.1007/978-3-658-50102-0_4

Injektoren, das strömende Medium sowie die wirksamen Druckbedingungen den Einblasemassenstrom direkt.

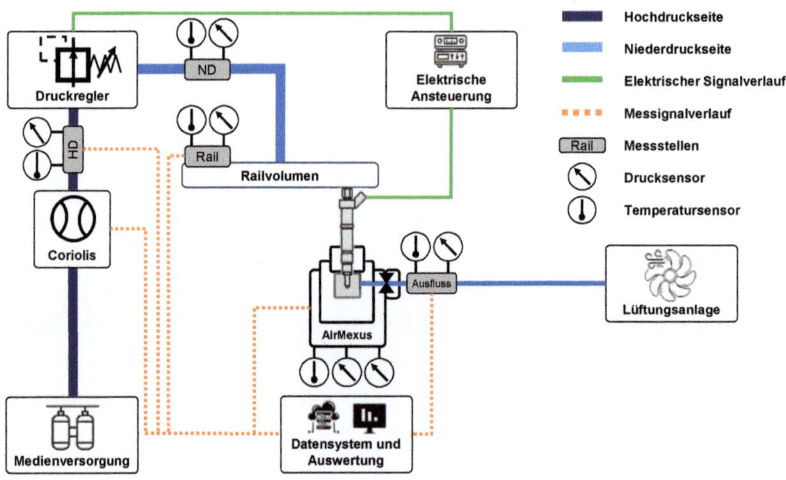

Abbildung 4.1: Versuchsaufbau für die gasdynamische Massendiagnostik von CNG Einblasekomponenten

In Abbildung 4.2 wird der zeitliche Einblasemassenstrom anhand der Ausflussgleichung beschrieben und einflussnehmende Faktoren in Beziehung gestellt.

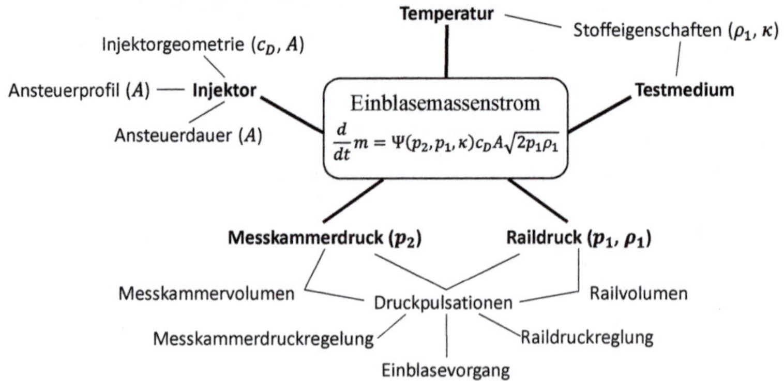

Abbildung 4.2: Schematische Darstellung der wesentlichen Einflussfaktoren auf den Einblasemassenstrom von CNG-Injektoren

Der Raildruck p_1 steht in direkter Beziehung zum Einblasemassenstrom und beeinflusst zusätzlich die Dichte des einströmenden Mediums ρ_1. Der Messkammerdruck p_2 steht gemäß Ausflussgleichung ebenfalls in direkter Beziehung zum Einblasemassenstrom und ist gleichzeitig maßgeblich beeinflusst vom Messprinzip des AirMexus. Nachfolgend werden die einzelnen Einflussfaktoren tiefergehend beleuchtet und, mit der Zielsetzung Gasdiagnostik zu verbessern, weiterentwickelt.

Der Injektor beeinflusst über seine Geometrie den Ausflusskoeffizient der Düse c_D sowie den Düsenaustrittsquerschnitt A. Dabei ist der Düsenaustritt A zeitveränderlich, vom elektrischen Ansteuerprofil sowie der jeweiligen Ansteuerdauer abhängig. Im Rahmen dieser Arbeit kommen die in Tabelle 4.1 aufgeführten Injektoren zum Einsatz.

Tabelle 4.1:   Übersicht der eingesetzten CNG-Injektoren

Eigenschaften	Injektor A	Injektor A2	Injektor A3
Injektor Typ	PFI	PFI	PFI
Gemischbildung	extern	extern	extern
Aktuator	Magnetventil	Magnetventil	Magnetventil
Düsenform	I-Düse	I-Düse	I-Düse
ausgelegter Raildruck	8 bar	8 bar	8 bar
Ansteuerspannung	14,2 V	14,2 V	14,2 V
Durchfluss	100 cm³	73 cm³	63 cm³

Für die Einflussanalyse werden Varianten eines Saugrohrinjektors verwendet. Es stehen drei baugleiche Injektoren zur Verfügung, die sich allein über den Durchfluss unterscheiden, der herstellerseitig für A mit 100 cm³, A2 mit

73 cm³ und A3 mit 63 cm³ beschrieben ist. Dabei bezieht sich der Durchfluss auf den kontinuierlichen Volumenstrom, der mittels kumulativer Messverfahren bestimmt wird. Für die Einflussanalyse werden Saugrohrinjektoren verwendet, da diese aufgrund ihrer weniger dynamischen Auslegung viel stärker von den Randparametern beeinflusst werden können, als dies bei direkteinblasenden Gasinjektoren zu beobachten ist.

Der Einblasemassenstrom wird auch durch das strömende Testmedium und dessen Temperatur bestimmt, da beide Faktoren die Dichte stromaufwärts ρ_1 und den Isentropenexponenten κ direkt beeinflussen. Für die Analysen in diesem Kapitel wird ausschließlich Stickstoff eingesetzt. Der Einfluss des Testmediums wird separat in Kapitel 6.2 bewertet und hierfür von einer Simulation gestützt.

4.2   Einflussanalyse Messkammerdruck

Der Messkammerdruck wirkt sich in mehrerlei Hinsicht auf den Einblasevorgang aus. In Abhängigkeit vom Druckverhältnis zwischen Messkammer- und Raildruck ergibt sich bei der Gaseinblasung eine über- oder unterkritische Gasströmung, was sich gemäß Ausflussgleichung direkt auf die eingeblasene Gasmasse auswirkt. Des Weiteren sind Gasinjektoren aufgrund ihrer Gesamtauslegung drucksensitiv, was sich auf das Öffnungs- und Schließverhalten der Injektoren auswirkt. Im motorischen Betrieb sind Gasinjektoren den dort vorherrschenden Randbedingungen ausgesetzt. Während sich der Raildruck in modernen Gaseinblasesystemen über den Raildruckregler variieren lässt, ergibt sich der Gegendruck aus der jeweiligen Umgebungssituation. Für die äußere Gemischbildung werden Gasinjektoren im Saugrohr integriert, so dass die Gaseinblasung gegen den anliegenden Saugrohrdruck erfolgt. Bei direkteinblasende Gasinjektoren mit einer inneren Gemischbildung erfolgt die Einblasung gegen den Brennraumdruck. Für eine optimale Gemischbildung wird hier zumeist der Ansaugtakt genutzt, weshalb sich auch hier, analog zur Saugrohreinblasung, niedrige Gegendrücke einstellen. Im Gegensatz hierzu ergeben sich bei außermotorischen Konzept- und Komponentenuntersuchungen aufgrund der jeweils verwendeten Messmittel abweichende Randbedingungen. In Abbildung 4.3 sind die wirksamen Kräfte für Gasinjektoren dargestellt, wobei die blau hervorgehobenen Kräfte den Öffnungsvorgang unterstützen, die orange dargestellten Kräfte hingegen das Schließen des Injektors bewirken. Prinzipbedingt unterscheiden sich die wirksamen Kräfte für nach außen öffnende A-Düsen und nach innen öffnende I-Düsen.

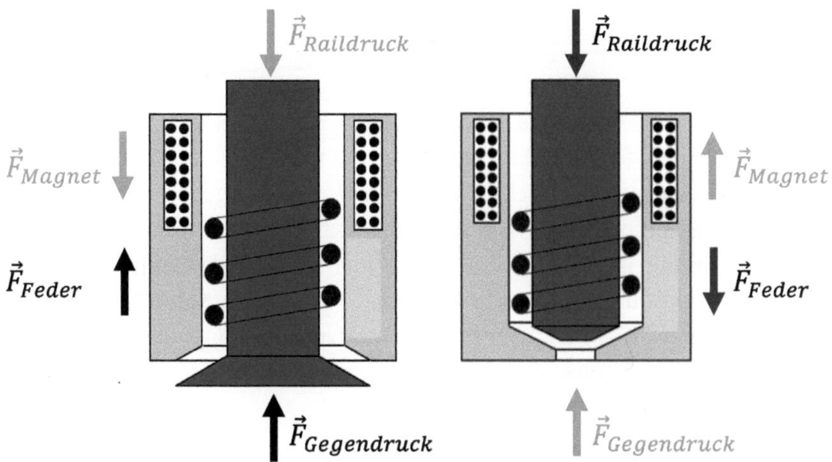

Abbildung 4.3: Eigene Prinzipdarstellung der wirksamen Kräfte in einem Gasinjektor mit nach außen öffnender A-Düse (links) und nach innen öffnender I-Düse (rechts)

Nach außen öffnende A-Düsen, die häufig für innere Gemischbildungsprozesse eingesetzt werden und damit direkt im Brennraum münden, werden durch den Gegendruck geschlossen gehalten. Dies verhindert, dass während des Arbeitstakts, wo hohe Brennraumdrücke den Injektor sicher verschließen, unkontrolliert brennbares Gas strömt. Gleichzeitig müssen die Federkräfte ausreichend groß ausgelegt werden, um bei abgestelltem Motor, gegen die wirkenden Kräfte des anliegenden Raildrucks, Gasleckage zu verhindern. Die Magnetkraft, die durch die elektrische Steuerung des Magnetspulen-Aktuators erzeugt wird, wirkt auf die Injektornadel, die sich im Magnetfeld befindet und als Anker fungiert. Der Aktuator erzeugt also eine Kraft, die die Injektornadel bewegt und den Injektor öffnet. Durch die direkte Kopplung von Anker und Injektornadel spricht man von einem direktgesteuerten Magnetinjektor.

Für eine nach außen öffnende A-Düse ergeben sich folgende Beziehungen:

- Kräftegleichgewicht, $\vec{F}_{Raildruck} + \vec{F}_{Magnet} = \vec{F}_{Gegendruck} + \vec{F}_{Feder}$

- Injektor öffnet, $\vec{F}_{Raildruck} + \vec{F}_{Magnet} > \vec{F}_{Gegendruck} + \vec{F}_{Feder}$

- Injektor schließt, $\vec{F}_{Raildruck} + \vec{F}_{Magnet} < \vec{F}_{Gegendruck} + \vec{F}_{Feder}$

Nach innen öffnende I-Düsen werden vorwiegend für äußere Gemischbildungsprozesse eingesetzt und sind im Saugrohr positioniert. Im Gegensatz zum direkteinblasenden Injektor ist dieser dem Brennraumdruck nie ausgesetzt. Die Injektornadel verschließt die Ausflussöffnung durch die resultierende Kraft des anliegenden Raildrucks im Zusammenspiel mit der Federkraft auch bei abgestelltem Motor sicher. Auch hier bewirkt die elektrische Steuerung des Magnetspulen-Aktuators eine magnetische Kraft, die auf die Injektornadel als Anker wirkt und den Injektor mit Unterstützung des Gegendrucks öffnet. Für eine nach innen öffnende I-Düse ergeben sich folgende Beziehungen:

- Kräftegleichgewicht, $\vec{F}_{Gegendruck} + \vec{F}_{Magnet} = \vec{F}_{Raildruck} + \vec{F}_{Feder}$

- Injektor öffnet, $\vec{F}_{Gegendruck} + \vec{F}_{Magnet} > \vec{F}_{Raildruck} + \vec{F}_{Feder}$

- Injektor schließt, $\vec{F}_{Gegendruck} + \vec{F}_{Magnet} < \vec{F}_{Raildruck} + \vec{F}_{Feder}$

Die Zielsetzung bei der Verbesserung der Gasdiagnostiktools richtet sich darauf, die Randbedingungen der außermotorischen Analyseverfahren an die vorherrschenden motorischen Bedingungen anzunähern. Dabei zeigt das zuvor beschriebenen Injektorverhalten, in welcher Weise sich Druckunterschiede auf das Öffnen- und Schließen von Gasinjektoren auswirken. Das in Abbildung 4.3 dargestellte CNG-Vollmotorkennfeld mit direkteinblasenden Injektoren stellt auf der Ordinate beispielhaft den effektiven Mitteldruck (PMEFF) in bar in Abhängigkeit zur auf der Abszisse aufgetragenen Motordrehzahl in $1/min$ dar. Die dargestellten Isolinien stellen den Einblasegegendruck bei Einblasebeginn in mbar dar. Direkteinblasende Niederdruck Injektorsysteme mit Einblasedrücken unterhalb von 50 bar verwenden ein homogenes Brennverfahren. Die erforderliche homogene Gemischbildung wird zumeist durch eine Gaseinblasung im Ansaugtakt des Verbrennungsmotors unterstützt, so dass der Einblasestrahl unter niedrigen Gegendruckbedingungen in den Brennraum einströmt und sich während des Verdichtungstakts ein homogenes Gemisch erzielen lässt. Hierdurch liegen häufig Gegendrücke zu Einblasebeginn unterhalb von 1 bar an. Die Einblasemasse verdrängt dabei einströmende Frischluft, wodurch Füllverluste entstehen. Für eine Leistungserhöhung sind Füllverluste zu verhindern, weshalb sich die Einblasezeitpunkte nach spät verschieben und somit höhere Gegendrücke im Brennraum anliegen.

Für Saugrohreinblasesysteme ergeben sich die Einblasegegendrücke je nach Einbaulage im Ansaugtrakt des Verbrennungsmotors. Die Gaseinblasung findet vorgelagert oder synchron zum Ansaugtakt statt, um die Gasmenge gemeinsam mit der Frischluft in den Brennraum einströmen zu lassen. Hierdurch ergeben sich je nach Aufladekonzept des Basismotors Einblasegegendrücke bis maximal 2,5 bar. Erst direkteinblasende Hochdruck Injektorkonzepte mit Einblasedrücken oberhalb von 50 bar nutzen die Druckvorteile, um Füllverluste aus der Saugrohr- und Niederdruckkonzepten durch späte Einblasezeitpunkte während des Verdichtungstakts zu minimieren. In Abhängigkeit des Einblasebeginns ergeben sich bei Hochdruck Injektorkonzepte weitaus höhere Einblasegegendrücke.

Das AirMexus setzt Messkammerdrücke zwischen 2 und 15 bar (vgl. Kapitel 3.4.1) voraus, wonach nur ein sehr kleiner Bereich des Vollmotorenkennfelds, in Abbildung 4.4 farblich hervorgehoben, abgedeckt werden kann. Die untere Grenze des Messkammerdrucks leitet sich aus dem in Kapitel 3.4.1 beschriebenen Berechnungsansatz für die Einblasemasse ab, der zu jedem Zeitpunkt ein überkritisches Ausströmen aus der Messkammer voraussetzt. Um den kritischen Massenstrom bei Gasen zu erreichen, muss sich im engsten Strömungsquerschnitt der Düse die Schallgeschwindigkeit einstellen. In mehrphasigen Strömungen ist die Schallgeschwindigkeit keine eindeutige physikalische Größe mehr und kann auf verschiedene Arten definiert werden. In einer vereinfachten eindimensionalen Betrachtung einer Düsenströmung wird angenommen, dass sich im engsten Strömungsquerschnitt der kritische Druck einstellt und der Druck stromabwärts davon spontan auf den Gegendruck abfällt, was als Drucksprung bezeichnet wird. [29]

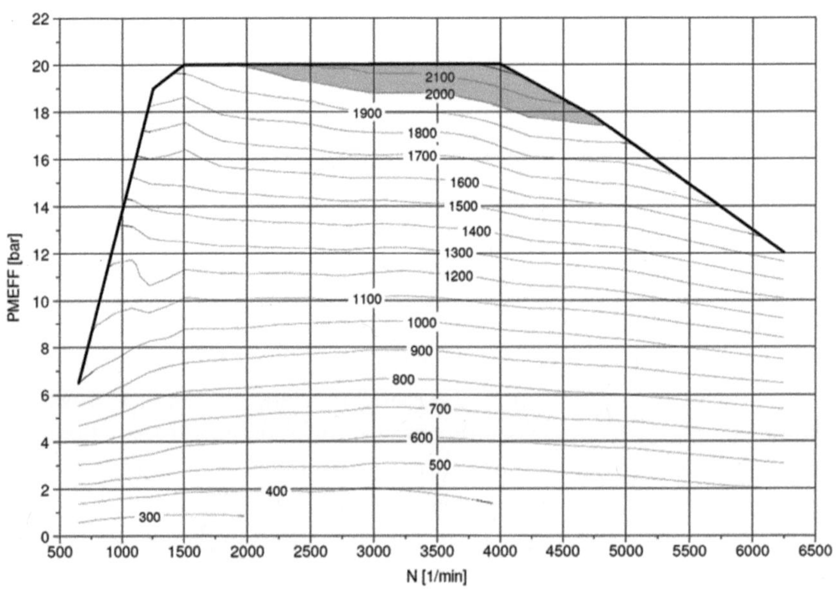

Abbildung 4.4: PMEFF CNG-Vollmotorkennfeld aus interner Messkampagne mit Isolinien des Einblasegegendrucks bei Einblasebeginn in mbar

Die Druckregelung in der AirMexus Messkammer erfolgt über ein Nadelventil, das über einen elektrischen Stellmotor den Ausflussquerschnitt regelt. Der gewünschte Messkammerdruck wird über das eingeblasene Testmedium erzeugt und zwischen zwei aufeinanderfolgende Einblasungen konstant gehalten. Für Stickstoff N_2 als zwei-atomiges Gas mit einem Isentropenexponenten von $\kappa = 1{,}4$ ergibt sich aus der Ausflussfunktion (vgl. Kapitel 2) ein kritisches Druckverhältnis von Messkammerdruck zum Messkammerausfluss $p_{Ausfluss}/p_{Messkammer} = 0{,}528$. Für ein überkritisches Ausströmen des Testmediums Stickstoff aus der Messkammer gegen atmosphärischen Druck $p_{Ausfluss} = 1\,bar$ muss demnach der Messkammerdruck $p_{Messkammer} > 1{,}894\,bar$ sein. Für eine Absenkung des Messkammerdrucks unter Aufrechterhaltung der überkritischen Ausströmungsbedingungen ist demnach eine Druckminderung im Ausfluss erforderlich. Abbildung 4.5 zeigt den Versuchsaufbau erweitert um eine Vakuumpumpe im Ausfluss der Messkammer.

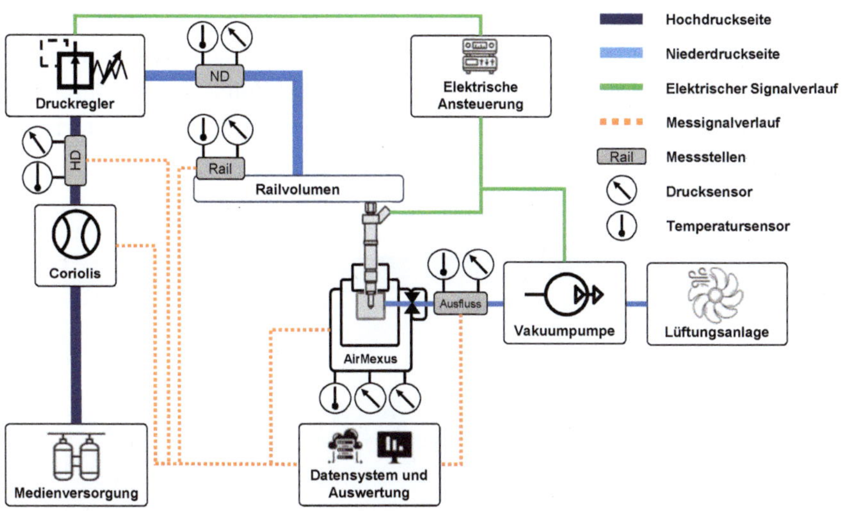

Abbildung 4.5: Versuchsaufbau für die gasdynamische Massendiagnostik erweitert um eine Vakuumpumpe im Ausfluss der Messkammer

Zur Druckminderung im Ausfluss des Laboraufbaus wird eine Drehschieber-Vakuumpumpe der Firma Busch Vacuum Solutions in ATEX[1]-Ausführung mit der Typbezeichnung R5 RA 0025F 2EA eingesetzt. Die explosionsgeschützte Ausführung der Drehschieber-Vakuumpumpe ermöglicht neben nicht brennbaren Testmedien auch den Einsatz von Methan als Testmedium. Die Einbindung in den Laboraufbau erfolgt unter hohen Sicherheitsanforderungen, wofür ein eigens entwickeltes Betriebskonzept vorliegt. Die Absaugung erfolgt kontinuierlich, wodurch sich im Ausfluss Drücke bis 0,1 bar erreichen lassen. Der Pumpenausgang wird direkt in eine Absaugleitung der technischen Raumlüftung eingeleitet. Die Drehschieber-Vakuumpumpe ist über eine Bypassleitung in den Laboraufbau und elektrisch in die Laborautomatisierung eingebunden. Zur Minimierung von Druckpulsationen ist ein Puffervolumen zwischengeschalten. Über elektrisch schaltbare Ventile lässt sich die Vakuumpumpe zuschalten, für Messkammerdrücke $p_{Messkammer} > 1,894\ bar$ abschalten. Durch die eingebundene Vakuumpumpe lässt sich eine Druckminderung im Ausfluss auf bis zu $p_{Ausfluss} = 0,1\ bar$ erreichen. Hierdurch wird die

---

[1] französische Abkürzung für **At**mosphères **E**xplosives, ATEX umfasst Richtlinien auf dem Gebiet des Explosionsschutzes

Absenkung des Messkammerdrucks auf $p_{Messkammer} \geq 0{,}189\ bar$ ermöglicht und gleichzeitig ein überkritisches Ausströmen aus der Messkammer sichergestellt. Abbildung 4.6 zeigt im Vergleich zu Abbildung 4.5 den durch die Druckminderung im Ausfluss vergrößerten Messebereich für außermotorische Gasdiagnostik.

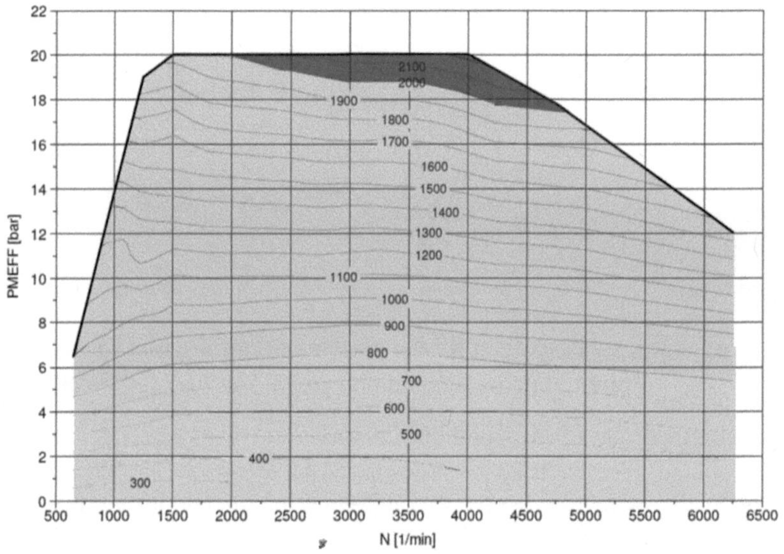

Abbildung 4.6: Vergrößerter Messbereich für außermotorische Gasdiagnostik durch Absenkung des Messkammerdrucks bezogen auf das PMEFF Vollmotorenkennfeld

Der verbesserte Laboraufbau für Gasdiagnostik ermöglicht die Erweiterung des AirMexus Messbereichs von 0,2 bis 15 bar und damit eine Abdeckung des relevanten Messbereichs für Saugrohr- und direkteiblasende Injektorkonzepte.

Die Einflussanalyse der Gegendruckbedingungen auf den Einblasevorgang wird nachfolgend in Abbildung 4.7 anhand einer Gegendruckvariation für den Injektor A dargestellt. Hierfür wird der Messkammerdruck des AirMexus von 1,0 bis 2,5 bar in einer Schrittweite von 0,5 bar variiert. Der Einblaseparameter Raildruck $p\_Rail = 7\ bar$ wird konstant gehalten. Um den Einfluss des Messkammergegendrucks auf den Einblasevorgang zu ermittelt wird die jeweilige Injektor-Ansteuerdauer in der Form korrigiert, dass sich aus den resultierenden Öffnungs- und Schließverzügen eine konstante Einblasedauer von 5 *ms* ergibt. Als Testmedium kommt Stickstoff zum Einsatz. Die Darstellungsform in Abbildung 4.7 zeigt auf der Ordinate die Einblaserate in *mg /ms* für die Gegendruckvariation von 1,0 bis 2,5 *bar*. Auf der Abszisse ist die Zeit in Millisekunden für das Zeitfenster von 0 bis 12 *ms* dargestellt. Die dargestellten Werte entsprechen dem Mittel aus 100 Einzeleinblasevorgängen.

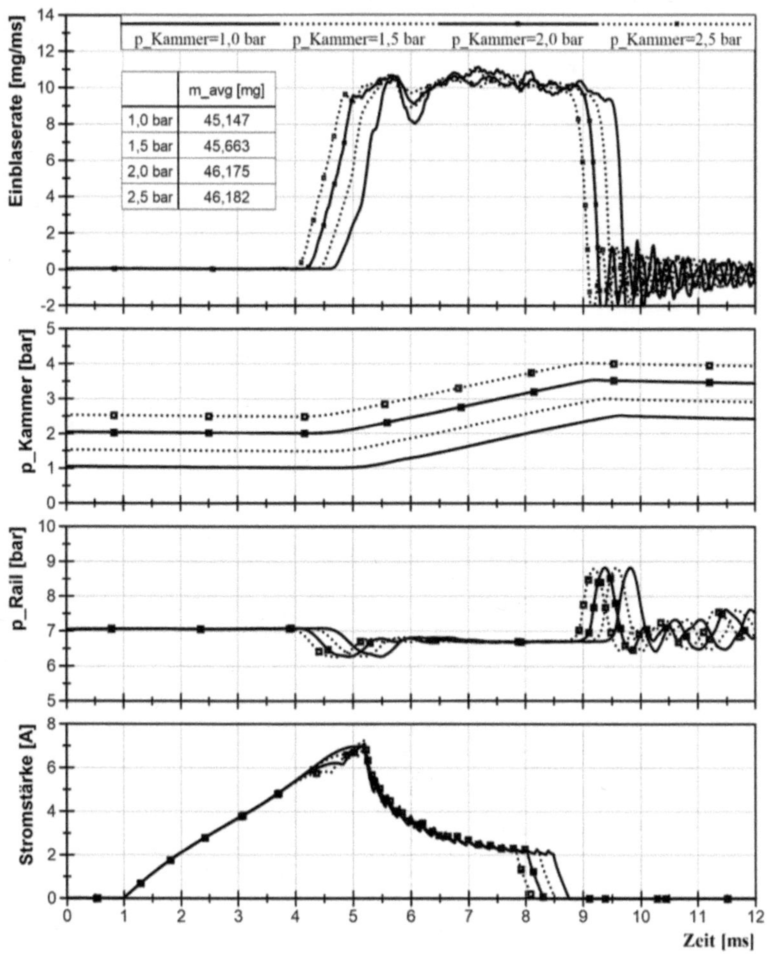

Abbildung 4.7: Gegendruckvariation Injektor A von 1,0 bis 2,5 bar, Schrittweite 0,5 bar

Die Messkammergegendruckvariation zeigt eine deutliche Abhängigkeit der Gaseinblasung sowie des Injektorverhaltens von den vorliegenden Druckbedingungen. Die Ansteuerung des Injektors beginnt zum Zeitpunkt $t = 1\,ms$ durch das Anlegen der Ansteuerspannung. Dabei fließt Strom durch die Magnetspule des Injektor-Aktuators bis gemäß Abbildung 4.3 eine ausreichende Magnetkraft vorliegt, welche den Anker und damit die Injektornadel zum Öffnen bewegt. Injektor A ist als I-Düse mit nach innen öffnender Injektornadel konzipiert, weshalb höhere Gegendrücke ein früheres Losreisen der Injektornadel unterstützen. Diese Effekte sind in Tabelle 4.2 anhand der Öffnungs- und Schließverzüge bewertbar.

Tabelle 4.2:   Öffnungs- und Schließkenngrößen des Injektors A für die durchgeführte Messkammerdruckvariation

Gegen-druck	Ansteuer-dauer	Öffnungs-verzug	Schließ-verzug	Einblase-dauer	Einblase-masse
1,0 bar	7450 µs	3735 µs	1271 µs	4986 µs	45,147 mg
1,5 bar	7215 µs	3477 µs	1264 µs	5002 µs	45,663 mg
2,0 bar	7010 µs	3265 µs	1260 µs	5005 µs	46,175 mg
2,5 bar	6810 µs	3085 µs	1281 µs	5006 µs	46,182 mg

Während der Injektor bei 2,5 bar Messkammerdruck 3085 µs nach Ansteuerbeginn öffnet und damit den Einblasebeginn definiert, kommt es bei 1,0 bar Gegendruck erst 650 µs später zum Losreisen der Injektornadel. Mit Ende der elektrischen Injektor-Ansteuerung wird eine große negative Spannung angelegt, welche zu einem schnellen Abfall im Stromstärkeverlauf führt und so die bislang wirksame Magnetkraft aufhebt. Unterstützt vom anliegenden Raildruck schließt die Injektornadel unterstützt vom anliegenden Raildruck gegen den anliegenden Gegendruck. Da sich die Magnetkraft sehr schnell abbaut, liegen wirksame Kräfte an der Injektornadel an, die zum Injektorschließen und damit zum Einblaseende führen. Demnach ergibt sich für den Schließverzug keine wesentliche Gegendruckabhängigkeit, was den Werten in Tabelle 4.2 zu entnehmen ist. Durch die Anpassung der Ansteuerdauer an die Öffnungsverzüge, resultiert für alle Variationen eine Einblasedauer von ca. 5 ms.

Trotz der großen Übereinstimmungen in Bezug auf die Einblasedauer, kommt es zu Abweichungen der Einblasemasse, in Abhängigkeit vom Messkammergegendruck. Bei einem Gegendruck von 2,5 bar und einer Einblasedauer von 5006 µs werden 46,182 mg Stickstoff eingeblasen, wogegen es bei 1,0 bar und 4986 µs nur 45,147 mg sind. Während die Einblasedauer nur um 0,4 % abweicht, kommt es bei der Einblasemasse zu einer Abweichung von 3,3 %. Die Druckzwischenstufen zeigen diesen Zusammenhang in gleicher Weise. Während der stationären Gasströmung sind Deckungsgleiche Massenströme zu beobachten, so dass die Ursache für die Massenunterschiede sich am Ratenabfall zum Zeitpunkt $t = 6\,ms$ festmachen lassen, der als Nadelpreller interpretiert werden kann. Nachdem sich die Nadel bei ausreichender Magnetkraft aus dem Sitz hebt, bewegt sich der Anker durch die Spule und ändert die Induktivität dieser. Dies führt zur Abweichung des Stromverlaufs von einer sonst typischen Exponentialfunktion. Sobald die Ankerbewegung durch den Anschlag der Nadel an ihrer Endposition stoppt, folgt der Stromverlauf erneut einer Exponentialfunktion. Durch das Anschlagen der Injektornadel an der Endposition kann es zu einem Zurückprallen dieser kommen. Dabei wird das Zurückprallen bei höheren Messkammergegendrücken stärker gedämpft, wodurch sich der Nadelpreller in der Einblaserate reduziert und die Einblasemasse erhöht wird. Darstellung 4.8 zeigt die Phasen des Einblasebeginns und -endes im Detail.

Die Detaildarstellung zeigt den zum Einblasebeginn zeitsynchronen Druckeinbruch und einen Druckanstieg bei Einblaseende. Die Öffnungs- und Schließphasen sind deutlich zu erkennen, wobei auch die Flanke der Öffnungsphase bei höherem Druck steiler verläuft, was sich mit dem Ansatz der wirksamen Kräfte deckt. Es gilt zu betonen, dass die aufgezeigten Einflüsse des Messkammerdrucks in Bezug auf das Öffnungs- und Schließverhalten direkt vom eingesetzten Injektor A abhängen, sich bei anderen Injektorkonzepten verändern oder umkehren können. Hingegen ist der potenzielle Einfluss des Gegendrucks auf die vorherrschenden Strömungsbedingungen (kritisch oder unterkritisch) unabhängig vom eingesetzten Injektor.

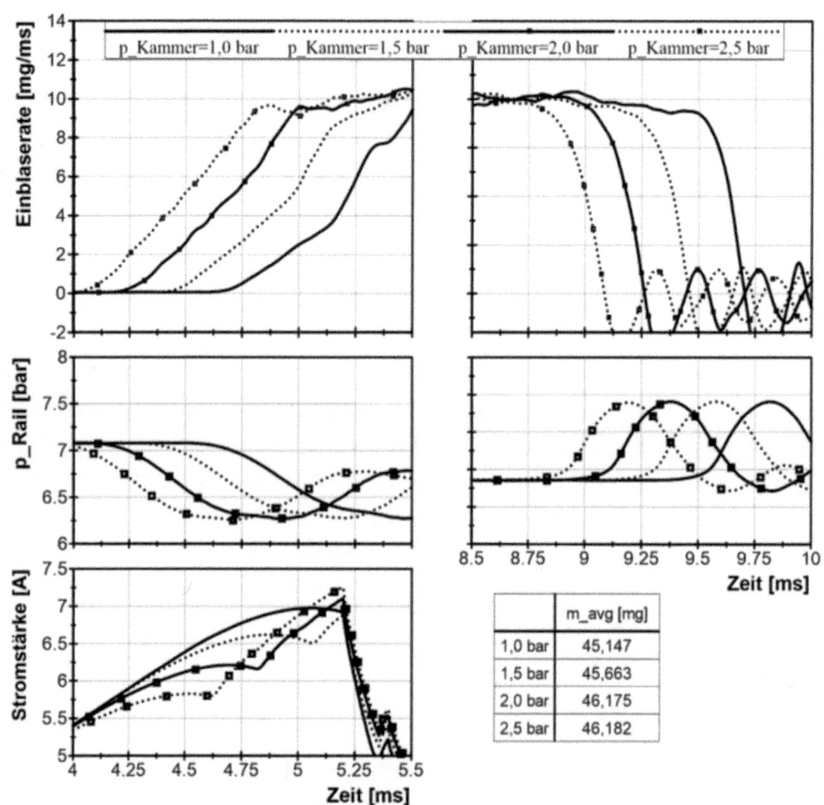

Abbildung 4.8: Detaildarstellung des Einblasebeginns sowie -endes für die Gegendruckvariation Injektor A von 1,0 bis 2,5 bar, Schrittweite 0,5 bar

4.2.1 Einflussanalyse Messkammer

In diesem Abschnitt wird der Einfluss der AirMexus Messkammer auf den Einblasemassenstrom bewertet. Dabei dient die kugelförmige AirMexus Messkammer als Basis für die Einflussanalyse des Messkammervolumens, der -geometrie sowie der Sensorposition.

Das AirMexus Messsystem ist mit einer kugelförmigen Messkammer A, einem Durchmesser von 39,8 mm und einem resultierenden Messkammervolumen von 33 cm³ konzipiert. Die Auslegung der Messkammer durch den Hersteller LOCCIONI basiert auf dem Messkammerdruckanstieg als zentrale Eingangsgröße für den Messalgorithmus zur Bestimmung der Einblaserate. So berücksichtigt die Messkammerauslegung, dass auch bei kleinen Masseströmen ein ausreichender Druckanstieg für das zugrundeliegende Messprinzip durch die Drucksensoren erfasst wird.

Der Einblasemassenstrom eines CNG-Injektors wird durch den Strömungszustand des Gases beim Austritt aus dem Injektorquerschnitt bestimmt. In Abhängigkeit vom anliegenden Druckverhältnis zwischen Messkammerdruck p_{ch} und Einblasedruck p_{inj} ergeben sich nach Kapitel 2 überkritische oder unterkritische Strömungsbedingungen. Das kritische Druckverhältnis entspricht für Stickstoff $p_{ch}/p_{inj} = 0{,}528$. In Abbildung 4.9 ist der Messkammerdruckverlauf und die Einblaserate für einen Einblasevorgang mit einem Einblasedruck $p_{inj} = 5{,}55$ bar sowie einer Ansteuerdauer von 12 ms dargestellt.

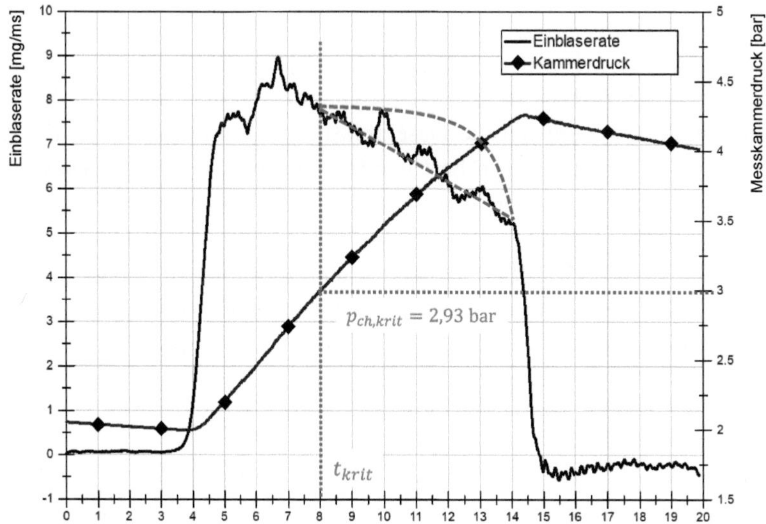

Abbildung 4.9: Messkammerdruckverlauf und Einblaserate in Messkammer A

Für den gewählten Einblasedruck von $p_{inj} = 5{,}55\ bar$ ergibt sich ein kritischer Messkammerdruck $p_{ch,krit} = 2{,}93\ bar$. Aus der kontinuierlichen Einblasung resultiert ein Messkammerdruckanstieg, so dass sich zum kritischen Zeitpunkt t_{krit} der kritische Messkammerdruck einstellt und die Gaseinblasung von einem überkritischen in eine unterkritischen Strömungszustand übergeht. Infolgedessen fällt die Strömungsgeschwindigkeit unter Schallgeschwindigkeit und der einströmende Massenstrom sinkt, was durch die gestrichelte Linie angedeutet wird. Unter der Annahme, dass es zu keinem Druckanstieg in der Messkammer kommt, lässt sich eine Einblaserate nach der gestrichelten Kurve erwarten. Folglich wirkt sich das begrenzte Messkammervolumen der außermotorischen Gasdiagnostik direkt auf den Einblasevorgang aus. Im Gegensatz hierzu zeigen motorische Einblasevorgänge keinen derartig großen Druckanstieg, da das Saugrohr- bzw. Brennraumvolumen deutlich größer ist.

4.2.2   Neuauslegung der Messkammer zur Verbesserung der Gasdynamikanalysen

Die Zielsetzung zur Verbesserung der Gasdynamikanalysen folgt der Motivation außermotorische Analysen auf motorische Vorgänge zu übertragen. Vor diesem Hintergrund findet nachfolgend eine Neuauslegung der AirMexus Messkammer zur Verbesserung der Gasdynamikanalysen statt. Um die Auswirkung des Messsystem auf die Gaseinblasung zu minimieren, soll das Volumen der Messkammer vergrößert werden. Hierbei ist zu berücksichtigen, dass der Algorithmus des AirMexus Massenmesssystem zur Berechnung der Einblasrate auf den Druckanstieg in der Messkammer zurückgreift. Dieser Druckanstieg muss im Messbereich des Drucksensors liegen, sodass selbst geringfügige Druckänderungen, wie sie bei Kleinsteinblasemengen auftreten, zuverlässig messbar sind.

Für die Neuauslegung der Messkammer werden gemeinsame Analysen mit der Firma LOCCIONI unternommen. Für die Auslegung des Messkammervolumens wird eine Spreizung des Messbereichs von Kleinstmengen im Bereich von 1 mg/Einblasung bis hin zu Volllastmengen bis 100 mg/Einblasung in Betracht gezogen. Unter Berücksichtigung der Drucksensorsensitivität ergibt sich nach internen Messanalysen ein optimales Messkammervolumen von

63 cm³. Der Druckanstieg verhält sich nach dem Gesetz von BOYLE-MARIOTTE umgekehrt proportional zum Messkammervolumen, wodurch sich aus einer Volumensteigerung von Messkammer A mit 33 cm³ hin zu Messkammer B mit 63 cm³ nahezu eine Halbierung des Druckanstiegs bei gleicher Einblassemasse ergibt. [30]

Im Rahmen der Messkammerneuauslegung ist neben dem Druckanstieg auch das Eigenfrequenzverhalten der Messkammer zu berücksichtigen. Während Gas in die Messkammer einströmt, kommt es zur Schwingungsanregung, die durch den Drucksensor erfasst werden und das Messsignal des Messkammerdrucks überlagern. Der Messkammer A mit 33 cm³ und einem Durchmesser von 39,8 mm steht bei einer Volumenerhöhung und kugelförmigen Messkammergeometrie eine Messkammer B mit 63 cm³ und einem Durchmesser von 49,4 mm gegenüber. Zur Bestimmung der Eigenschwingungen wird die Messkammer als ideales Kugelvolumen betrachtet und der Ansatz der Wellengleichung nach Gleichung 4.1 herangezogen, die den Schalldruck p als lineare partielle Differentialgleichung zweiter Ordnung beschreibt und c die Schallgeschwindigkeit ist. [31]

$$\frac{1}{c^2}\frac{\partial^2}{\partial t^2}p - \nabla^2 p = 0 \qquad\qquad \text{Gl. 4.1}$$

Der Schalldruck lässt sich als Summe orthogonaler Fourier-Komponenten $p_h e^{i\varpi_h t}$ beschreiben, wobei jede dieser Komponenten die Wellengleichung zum Zeitpunkt t erfüllt. Hieraus ergibt sich die homogene Helmholtz Gleichung nach Gleichung 4.2, in der $k_h = \varpi_h/c$ die Wellenzahl der Fourier-Komponente in 1/m, $\varpi_h = 2\pi f_h$ die Kreisfrequenz der Fourier-Komponente in 1/s und f_h die Frequenz der Fourier-Komponente in 1/s beschreibt. [31]

$$\left(\nabla^2 + k_h^2\right)p_h = 0 \qquad\qquad \text{Gl. 4.2}$$

Die Eigenschwingungen des Volumens sind Lösungen dieser linearen partiellen Differentialgleichung. Die Helmholtz-Gleichung beschreibt Wellenphänomene in kugelförmigen Systemen, wie sie in der Akustik, Elektrodynamik und Quantenmechanik auftreten. Die Trennung der Variablen ermöglicht es, die Gleichung in separate Differentialgleichungen für den Radius r sowie die Winkel θ und ϕ zu zerlegen. Die allgemeine Lösung ist in Gleichung 4.3 dargestellt. [31]

$$p(r,\theta,\phi) = \sum_n p_h\,(r,\theta,\phi) = \sum_n \sum_{l=0}^{\infty} \sum_{m=-l}^{l} a_{nlm} J_l(k_{nl}r) Y_l^m(\theta,\phi)$$

Gl. 4.3

Die sphärische Besselfunktion erster Art der Ordnung l wird mit $J_l(k_{nl}r)$ beschrieben und bildet das Verhalten von Wellen in kugelförmigen Koordinaten ab. Die sphärische harmonische Funktion $Y_l^m(\theta,\phi)$ hängt von den Winkeln θ und ϕ ab und ist eine Lösung der Laplace-Gleichung in kugelförmigen Koordinaten. Der Koeffizient a_{nlm} hängt von den Randbedingungen ab und bestimmt die spezifische Lösung. In einer kugelförmigen Kammer mit starren Wänden ist die Teilchengeschwindigkeit an der Wand Null, wodurch sich Schallwellen mit spezifischen Frequenzen ausbilden. Diese Frequenzen werden als Eigenfrequenzen f_{nl} bezeichnet, die direkt von der Schallgeschwindigkeit c und z_{nl}, die n-te Wurzel der Ableitung der sphärischen Besselfunktion erster Art mit Ordnung l nach, abhängig sind (vgl. Gleichung 4.4). [31]

$$f_{nl} = \frac{c \cdot z_{nl}}{2\pi R}$$

Gl. 4.4

Mit den beschriebenen Ansätzen lassen sich die Eigenschwingungsmoden einer kugelförmigen Messkammer berechnen.

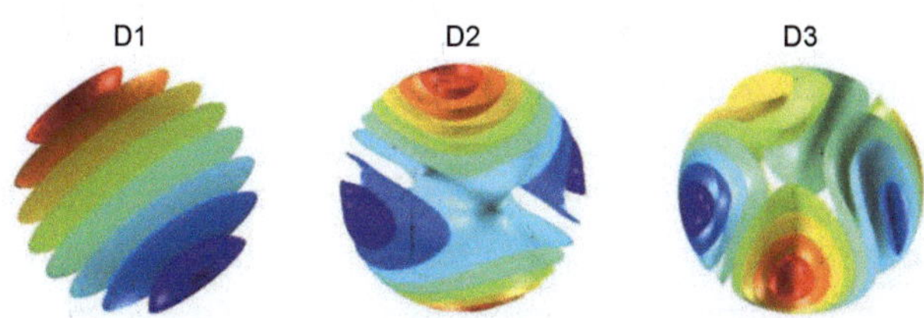

Abbildung 4.10: Eigenschwingungsmoden D1, D2, D3 der kugelförmigen Messkammer [31]

Die niedrigsten Eigenschwingungsmoden einer kugelförmigen Messkammer D1, D2 und D3 sind in Abbildung 4.10 veranschaulicht und in Tabelle 4.3 für die geometrischen Auslegungen der Messkammer A und B bestimmt. Dabei stellen die Einfärbungen Bereiche mit Druckmaxima (rot) und Druckminima (blau) dar. Die grünen Einfärbungen zeigen Bereiche von Druckknoten. Deutlich wird, dass mit der Volumenerhöhung eine Absenkung der Eigenschwingungsfrequenzen einhergeht.

Tabelle 4.3: Eigenschwingungen D1, D2, D3 der kugelförmigen Messkammern A, B [31]

Messkammer	V [cm³]	D [mm]	D1 [kHz]	D2 [kHz]	D3 [kHz]
A	33	39,8	5,82	9,36	12,64
B	63	49,4	4,69	7,54	10,18

Analog zum Ansatz für kugelförmige Systeme kann durch die Technik der Variablentrennung auch eine allgemeine Lösung für zylindrische Koordinaten nach Gleichung 4.5 erfolgen.

$$p(r,\theta,\phi) = \sum p_h(r,\theta,\phi)$$

$$= \sum_{m=0}^{\infty} J_m(k_r r) e^{im\theta} \left(D_1 e^{ik_y y} + D_2 e^{-ik_y y} \right)$$

Gl. 4.5

Die Besselfunktion erster Art der Ordnung m wird mit $J_m(k_r r)$ beschrieben, wogegen D_1 und D_2 Konstanten sind. Auch in zylindrischen Kammern mit starren Wänden ist die Teilchengeschwindigkeit an der Wand Null, wodurch sich Schallwellen mit spezifischen Frequenzen ausbilden. Diese Frequenzen werden als Eigenfrequenzen $f_{m,n,q}$ bezeichnet, die direkt von der Schallgeschwindigkeit c abhängig sind. Hierbei ist $j'_{m,n}$ die $(n+1)$te positive Nullstelle der Besselfunktion J'_m. Die Parameter m, n und q repräsentieren die azimutale, radiale und longitudinale Ordnung der Schwingungsmoden. [31]

$$f_{m,n,q} = \frac{c}{2\pi R}\sqrt{\left(\frac{j'_{m,n}}{R}\right)^2 + \left(\frac{q\pi}{H}\right)^2} \qquad\qquad \text{Gl. 4.6}$$

Mittels der beschriebenen theoretischen Ansätze lassen sich Eigenfrequenzen für zylindrische Messkammern für die verschiedenen Schwingungsmoden azimutal, radial und longitudinal berechnen. Die verschiedenen Schwingungsmoden sind abhängig vom Formfaktor χ der sich als Verhältnis aus Zylinderdurchmessers d zu Zylinderhöhe l ergibt. Abbildung 4.11 stellt auf der Abszisse den Formfaktor dar und ordnet auf der Ordinate die Eigenfrequenz für die azimutalen Schwingungsmoden AZ1 bis AZ3, die longitudinalen Schwingungsmoden H1-H4 und die radialen Schwingungsmode R1 zu. [31]

Neben den auftretenden Druckminima und -maxima bieten die Bereiche der Druckknoten störungsfreie Bereiche. Ein Sensor, der auf der Drehsymmetrieachse durch die Mittelpunkte von Grund- und Deckfläche des Zylinders positioniert ist, erfasst theoretisch keine Störungen durch die azimutalen Schwingungsmoden n-ter Ordnung, unabhängig von ihrer räumlichen Orientierung. Für die Festlegung eines optimalen Formfaktors lassen sich demnach die Moden AZ1 und AZ2 eliminieren, so dass erst die Höhen- und Radialschwingungen zum Tragen kommen. [32] Hieraus folgt für einen theoretisch optimalen Formfaktor $\chi = 2{,}43$ bei einer Zylinder Höhe $h = 23{,}8\ mm$ und einem Zylinderdurchmesser $d = 58{,}0\ mm$.

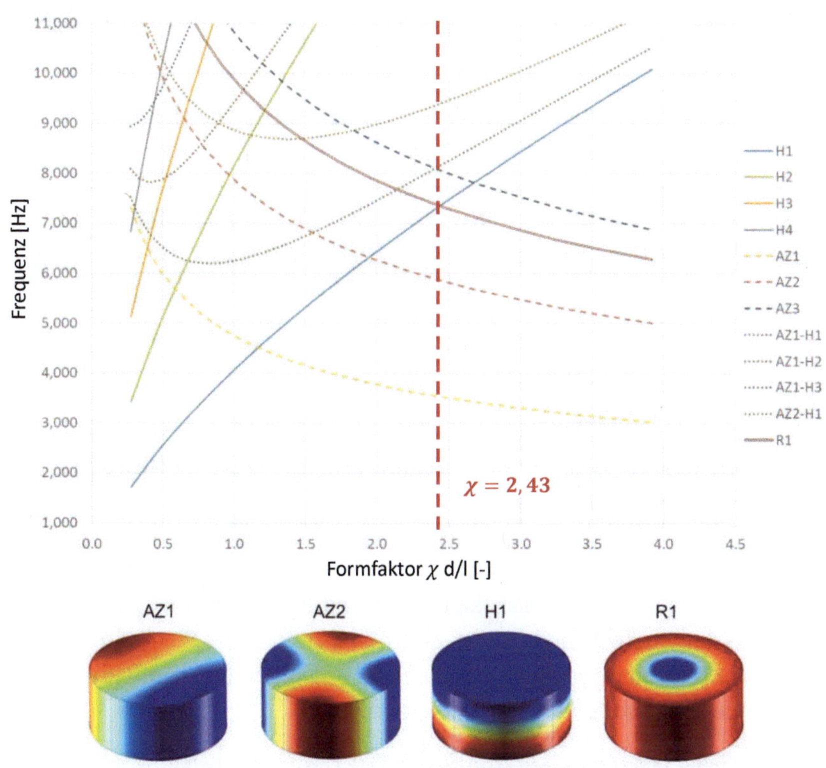

Abbildung 4.11: Eigenschwingungen von zylindrischen Körpern in Abhängigkeit vom Formfaktor χ d/h [31]

Die Neuauslegung der AirMexus Messkammer ist motiviert durch das Ziel Gasdiagnostik in der Form zu verbessern, dass ein Übertrag zwischen außermotorischen Analysen und motorischen Untersuchungen entlang der Toolkette ermöglicht wird. Die umgekehrt proportionale Beziehung zwischen Messkammerdruckanstieg und Messkammervolumen erfordert folglich eine Volumenerhöhung, um den Einfluss der Messkammer verglichen zu motorischen Analysen zu reduzieren. Mit der Volumensteigerung von der ursprünglichen Messkammer A mit 33 cm³ hin zu den Messkammerkonzepten B und C mit 63 cm³ ist nahezu eine Halbierung des Druckanstiegs während des Einblasevorgangs realisierbar. Mit der Volumenerhöhung und den größeren Messkammerdimensionen geht eine Absenkung der Messkammereigenfrequenzen einher, wovon die Messsignalqualität negativ beeinflusst werden kann.

Tabelle 4.4: Eigenschwingungen der zylindrischen Messkammer C mit $\chi = 2,43$

Mess-kammer	V [cm³]	d [mm]	h [mm]	AZ1 [kHz]	AZ2 [kHz]	H1 [kHz]	R1 [kHz]
C	63	58,0	23,8	3,54	5,87	7,35	7,35

4.2.3 Empirische Messkammeroptimierung zur Verbesserung der Gasdynamikanalysen

Das folgende Unterkapitel behandelt die empirische Messkammeroptimierung zur Verbesserung der Gasdynamikanalysen und basiert auf den zuvor konzipierten Messkammern B und C. Das Ziel besteht darin, die theoretischen Ansätze aus der Kammerauslegung empirisch zu bestätigen und damit die Grundlage für eine verbesserte Gasdiagnostik zu bieten.

Die empirische Messkammeroptimierung wird mit dem Injektor A durchgeführt Für die Analysen wurde ein stabiler Referenzpunkt gewählt, der eine Vergleichbarkeit ermöglicht und dessen Randbedingungen in Tabelle 4.5 erfasst sind.

Tabelle 4.5: Referenzpunkt Injektor A für die empirische Messkammeroptimierung

Raildruck	Gegendruck	Ansteuerdauer	Testmedium
5,55 bar	1,05 bar	6100 µs	Stickstoff

Für die Messkampagne wurden die konzipierten Messkammern B und C konstruktiv ausgestaltet und gefertigt. Während sich die kugelförmige Messkammer B direkt aus Messkammer A ableitet und einer Skalierung der Dimensionen entspricht, ist Messkammer C als zylindrische Geometrie entworfen. Für eine Variation der Injektor-, Temperatursensor- und Drucksensorlage ist Messkammer C als variables Messkammer konzipiert und in Abbilung 4.12 dargestellt.

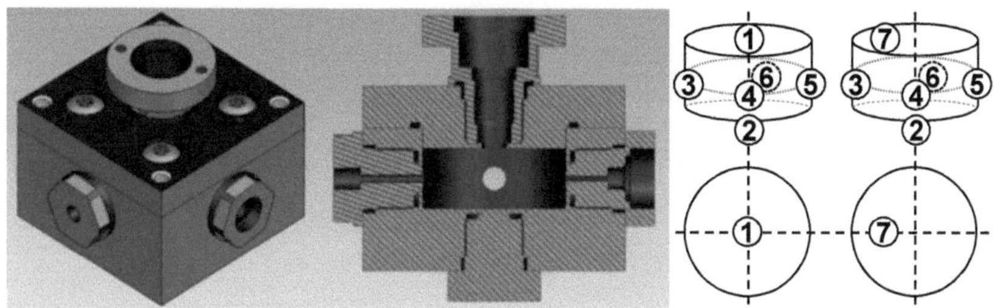

Abbildung 4.12: Konstruktive Ausgestaltung der zylindrischen Messkammer C

Im Zentrum der Konstruktion liegt die zylindrische Messkammer mit einem Durchmesser von 58,0 mm und einer Höhe von 23,8 mm. Über variable Einschraubstutzen lassen sich an den Messkammerpositionen 1 bis 7 unterschiedliche Komponenten einbringen. Entsprechend des AirMexus Messprinzips vervollständigen zusätzlich zum Injektor, Drucksensor, Temperatursonde und Messkammerausfluss den Messaufbau. Die verbleibenden Messkammerzugänge werden über Blindstutzen verschlossen. Zusätzlich zu der in Abbildung 4.12 links dargestellten Messkammerschale mit zentralem Einschraubstutzen bietet eine zweite Variante eine deneztrale Stutzenpositionierung.

Die Strömungsbedingungen innerhalb der Messkammer werden im Wesentlichen durch die Lage des Injektors sowie des Aussflusses definiert. Als dritte Komponente ist die Lage des Drucksensors zur Erfassung des Messkammerdruckanstiegs entscheidend, da diese den Druckschwingungen ausgesetzt ist und sich die Eigenresonazen auf die erfassten Drucksignale aufprägen. Vor diesem Hintergund bietet die variable Messkammer die Möglichkeit durch Kombinatorik eine Vielzahl an Untervarianten der Messkammer C abzubilden. Für die Positionierung des Injektors gibt es zu Beginn sieben Einbaupositionen, für den Ausfluss verbleiben fünf und demnach vier verbleibende Einbaulagen für den Drucksensor. Aus dieser Kombinatorik ergeben sich

210 Variationsmöglichkeiten. Aufgrund der konstruktiven Ausführungen mit zwei verschiedenen Messkammerschalen reduzieren sich die Varianten um 30 Möglichkeiten, weitere 107 Varianten entfallen aufgrund von Symmetrie.

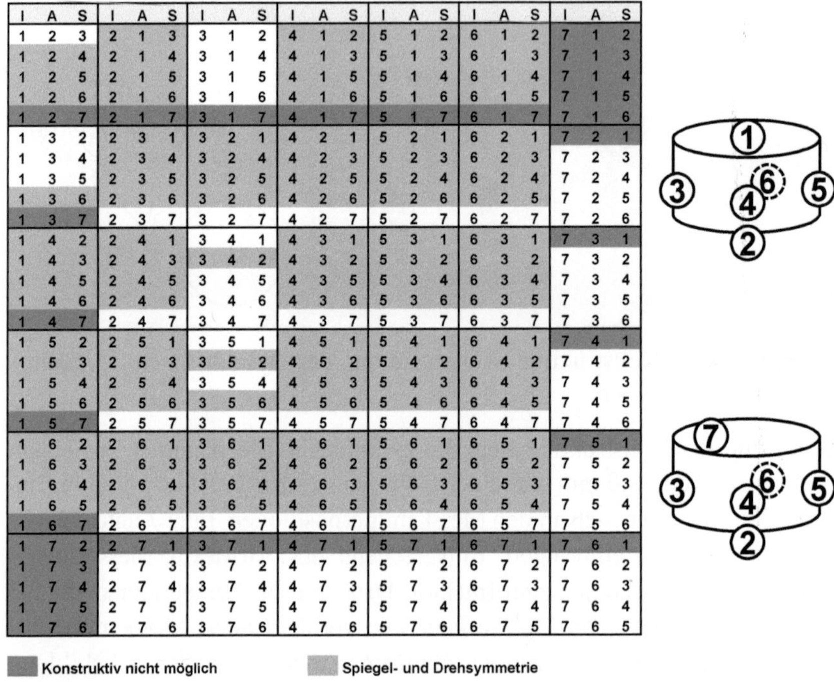

I	A	S	I	A	S	I	A	S	I	A	S	I	A	S	I	A	S	I	A	S
1	2	3	2	1	3	3	1	2	4	1	2	5	1	2	6	1	2	7	1	2
1	2	4	2	1	4	3	1	4	4	1	3	5	1	3	6	1	3	7	1	3
1	2	5	2	1	5	3	1	5	4	1	5	5	1	4	6	1	4	7	1	4
1	2	6	2	1	6	3	1	6	4	1	6	5	1	6	6	1	5	7	1	5
1	2	7	2	1	7	3	1	7	4	1	7	5	1	7	6	1	7	7	1	6
1	3	2	2	3	1	3	2	1	4	2	1	5	2	1	6	2	1	7	2	1
1	3	4	2	3	4	3	2	4	4	2	3	5	2	3	6	2	3	7	2	3
1	3	5	2	3	5	3	2	5	4	2	5	5	2	4	6	2	4	7	2	4
1	3	6	2	3	6	3	2	6	4	2	6	5	2	6	6	2	5	7	2	5
1	3	7	2	3	7	3	2	7	4	2	7	5	2	7	6	2	7	7	2	6
1	4	2	2	4	1	3	4	1	4	3	1	5	3	1	6	3	1	7	3	1
1	4	3	2	4	3	3	4	2	4	3	2	5	3	2	6	3	2	7	3	2
1	4	5	2	4	5	3	4	5	4	3	5	5	3	4	6	3	4	7	3	4
1	4	6	2	4	6	3	4	6	4	3	6	5	3	6	6	3	5	7	3	5
1	4	7	2	4	7	3	4	7	4	3	7	5	3	7	6	3	7	7	3	6
1	5	2	2	5	1	3	5	1	4	5	1	5	4	1	6	4	1	7	4	1
1	5	3	2	5	3	3	5	2	4	5	2	5	4	2	6	4	2	7	4	2
1	5	4	2	5	4	3	5	4	4	5	3	5	4	3	6	4	3	7	4	3
1	5	6	2	5	6	3	5	6	4	5	6	5	4	6	6	4	5	7	4	5
1	5	7	2	5	7	3	5	7	4	5	7	5	4	7	6	4	7	7	4	6
1	6	2	2	6	1	3	6	1	4	6	1	5	6	1	6	5	1	7	5	1
1	6	3	2	6	3	3	6	2	4	6	2	5	6	2	6	5	2	7	5	2
1	6	4	2	6	4	3	6	4	4	6	3	5	6	3	6	5	3	7	5	3
1	6	5	2	6	5	3	6	5	4	6	5	5	6	4	6	5	4	7	5	4
1	6	7	2	6	7	3	6	7	4	6	7	5	6	7	6	5	7	7	5	6
1	7	2	2	7	1	3	7	1	4	7	1	5	7	1	6	7	1	7	6	1
1	7	3	2	7	3	3	7	2	4	7	2	5	7	2	6	7	2	7	6	2
1	7	4	2	7	4	3	7	4	4	7	3	5	7	3	6	7	3	7	6	3
1	7	5	2	7	5	3	7	5	4	7	5	5	7	4	6	7	4	7	6	4
1	7	6	2	7	6	3	7	6	4	7	6	5	7	6	6	7	5	7	6	5

Abbildung 4.13: Variantenmatrix zur Positionierung von Injektor (I), Ausfluss (A) und Drucksensor (S) im variablen Messkammerkonzept C

Abbildung 4.13 zeigt die Variantenmatrix, die sich für die variable Messkammer C realisieren lassen. Die Nomenklatur für die einzelnen Varianten richtet sich nach den Einbaupositionen in der Reihenfolge Injektor (I), Ausfluss (A) und Drucksensor (S). Die Variante 341 entspricht folglich einer Injektor-Einbaulage an Position 3, einer Ausfluss-Einbaulage an Position 4 sowie einer Drucksensor-Einbaulage an Position 1.

Für die Versuchsreihe wird der Ausfluss, der nach Stand der Technik als Nadelventil ausgeführt ist, durch einen Druckregler des Herstellers Bronkhorst ersetzt. Für die Messtechnische Erfassung der Druck und Temperatursignale wird ein 8 Kanal PicoScope mit einer Abtastrate von 80 Millionen Samples pro Sekunde des Herstellers Batronix. [33]

Verbesserter Messkammerdruckverlauf

Das AirMexus Prinzip für die messtechnische Erfassung der Einblasemasse basiert auf dem hochdynamischen Druckverlauf innerhalb der Messkammer. Im Verlauf von Kapitel 4.2.1 wurde der Einfluss der Messkammer auf den Einblasevorgang bewertet und Erhöhung des Messkammervolumens für eine verbesserte Gasdiagnostik unternommen. Abbildung 4.13 zeigt für den Einblasevorgang nach Betriebspunkt 1 mit Injektor A den Messkammerdruck in bar über der Zeit in ms für das Messkammervolumen 33 cm³ (gestrichelt) und 63 cm³.

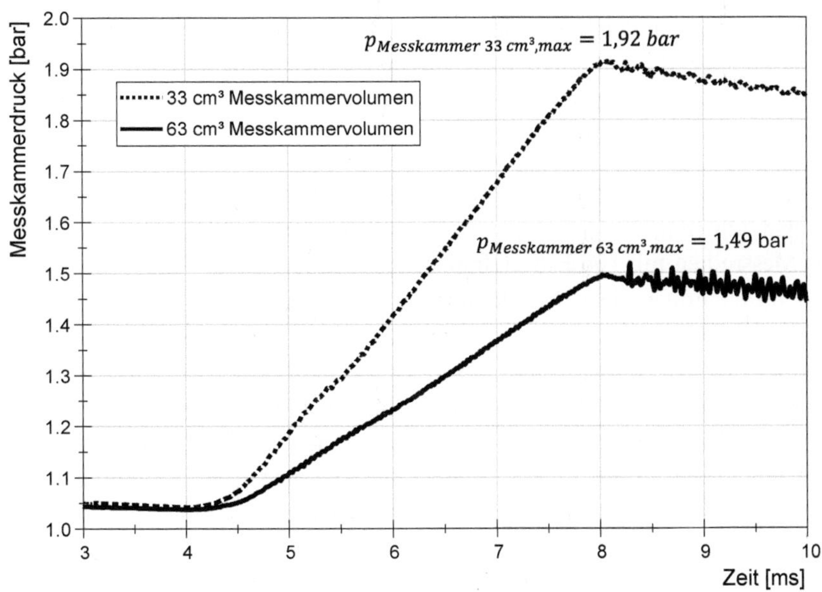

Abbildung 4.14: Druckanstieg während des Einblasevorgangs für eine Volumenvariation

Ausgehend vom eingeregelten Messkammergegendruck von 1,05 bar strömt Stickstoff in die Messkammer, wodurch es zum Druckanstieg auf

- $p_{Messkammer\,63\,cm^3,max} = 1,49$ bar

- $p_{Messkammer\,33\,cm^3,max} = 1,92\ bar$

kommt Dabei ist anzumerken, dass aufgrund des Versuchsaufbaus und der veränderten Ausflussgeometrie bei den Versuchen mit den Prototypenmesskammern B und C ein größeres Volumen vorliegt, als das rein Messkammervolumen von 63 cm³. Trotz der erfolgreichen Reduzierung des Druckanstiegs während des Einblasevorgangs ist nach Kapitel 4.2 weiterhin von einem Einfluss der messprinzipbedingten Gegendruckanstiegs auszugehen.

Verbesserte Messkammerresonanzen

Einhergehend mit der Vergrößerung des Messkammervolumens ist eine Verschiebung der Messkammereigenfrequenzen in Richtung tieferer Frequenzbereiche. In diesem Abschnitt erfolgt eine empirische Bewertung der theoretischen Überlegungen aus Unterkapitel 4.2.2

Um Aussagen, über die im Drucksignal enthaltenen Frequenzen treffen zu können, wird eine Untersuchung im Frequenzbereich durchgeführt. Dazu werden Messreihen mit 100 Einzeleinblasungen des Referenzpunkts (vgl. Tabelle 4.5) durchgeführt. Der Messkammerdruckverlauf jedes Einblasevorgangs wird mithilfe einer FFT2 unter Verwendung des Von-Hann-Fensters in den Frequenzbereich transformiert. Das Von-Hann-Fenster ist eine Spezielle Funktion, die in der Signalverarbeitung und Spektralanalyse eingesetzt wird und eine der gebräuchlichsten Fensterfunktionen für die Analyse von Frequenzbereichen mittels FFF. Die dabei ausgewertete Peak-Amplitude ist ein Maß für den Anteil einer Frequenz im analysierten Signal. Je höher die Amplitude, desto stärker ist die Frequenz im Signal beinhaltet. Eine Vergleichbarkeit zwischen den Frequenzanalysen der Messkammern A, B und C wird

---

[2] Die Fast Fourier Transformation (FFT) ist ein mathematisches Verfahren zur Frequenzbereichsanalyse von Signalen

durch eine Mittelung der 100 FFT-Einzelergebnisse erreicht. Die prinzipielle Vorgehensweise ist in Abbildung 4.14 veranschaulicht.

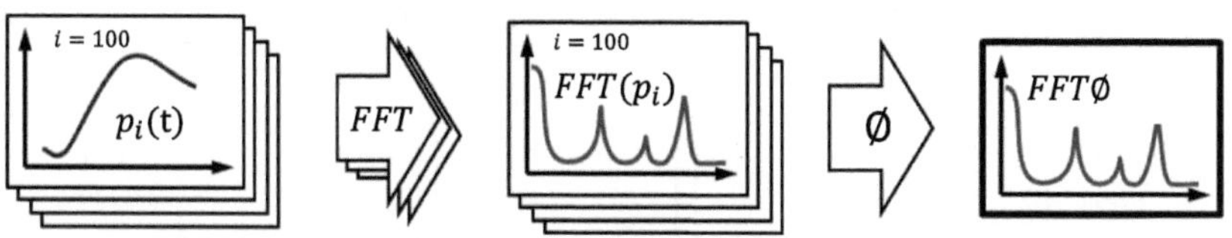

Abbildung 4.15: Ansatz zur Frequenzanalyse der Messkammervarianten A, B und C

Die Ergebnisse nach Durchführung der beschriebenen Frequenzanalyse für Messkammer A und Messkammer B sind in Abbildung 4.15 dargestellt. Die auftretenden Amplituden-Peaks können dabei den berechneten Eigenfrequenzen (vgl. Tabelle 4.3) der Messkammern A und B zugeordnet werden. Die Frequenzbereichsanalyse zeigt, dass die Eigenfrequenzen den wesentlichen Anteil am Messkammerdrucksignal beisteuern. Demnach bilden sich durch den Einblasevorgang in die Messkammer sehr schnell die Eigenschwingungsmoden D1, D2 und D3 aus. Die Frequenzanalyse zeigt für Messkammer A (gestrichelt) sehr deutlich die Eigenfrequenzen 6,09 kHz, 9,71 kHz und 13,03 kHz. Ebenso sind die Eigenfrequenzen der Messkammer B mit 4,78 kHz, 7,55 kHz und 10,11 kHz stark ausgeprägt. Nach Gleichung 4.4 verhält sich die Eigenfrequenz von sphärischen Geometrien umgekehrt proportional zum Radius der Kugel.

Die Erhöhung des Messkammervolumens von 33 cm³ auf 63 cm³ folgt aus der Erhöhung des Messkammerdurchmesser um 24 % von 39,8 mm auf 49,4 mm, woraus die Reduzierung der Messkammereigenfrequenzen um ca. 23% resultiert. Die Ergebnisse der Frequenzanalyse für 73 Varianten der Messkammer C sind nachfolgend in Abbildung 4.17 erfasst.

Im Gegensatz zur Resonanzverschiebung zwischen Messkammer A und B ergibt sich in Abbildung 4.17 ein deutlich differenziertes Bild. Die Darstellung zeigt die Ergebnisse der Frequenzbereichsanalyse für alle 73 Varianten aus Abbildung 4.13. Das Gesamtbild bestätigt deutlich die in Kapitel 4.2.2 bestimmten Eigenresonanzen aus Tabelle 4.4. Während einzelne Varianten ein breites Frequenzspektrum mit hohen Druckamplituden zeigen, lassen andere deutlich ausgeprägte Eigenresonanzen erkennen.

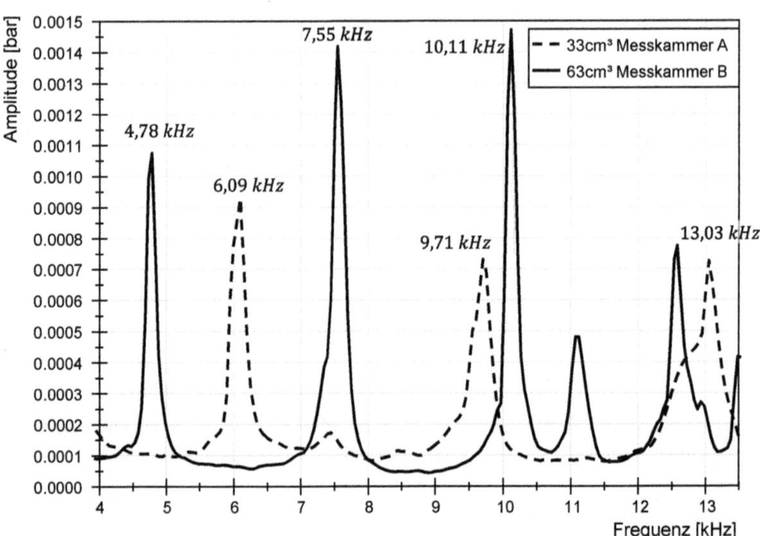

Abbildung 4.16: FFT-Analyse des Messkammerdrucksignals für Messkammer A und B

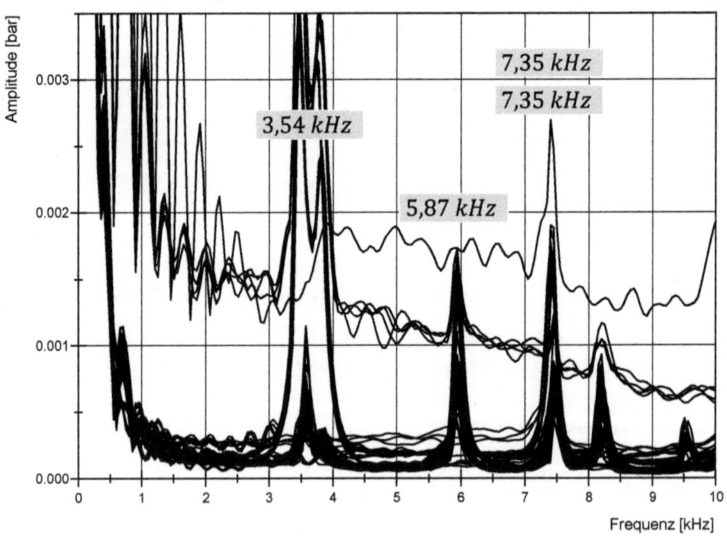

Abbildung 4.17: FFT-Analyse des Messkammerdrucksignals für 73 Varianten der variablen Messkammer C

In der Messsignalerfassung begegnet man ausgeprägten Schwingungsphänomenen und Eigenfrequenzen mit Filtern, die entsprechende Frequenzbereiche im Signalverlauf abschwächen. Dabei verlieren gefilterte Messsignale neben den störenden Schwingungsphänomen, die das Messsignal überlagern, auch Signalinformationen in eben jenen gefilterten Frequenzbereichen. Vor diesem Hintergrund lässt sich eine schwingungsoptimale Messkammerkonfiguration in der Form beschreiben, dass Resonanzfrequenzen außerhalb des Messbereichs liegen, der für die Gaseinblasung relevant sind.

Nachfolgend werden Bewertungskriterien nach Tabelle 4.6 festgelegt, um aus den 73 Varianten der Messkammer C die schwingungsoptimale Konfiguration zu ermitteln.

Tabelle 4.6: Verteilung der Frequenzbereiche für die gewählten Bewertungskriterien

Bewertungskriterium	Frequenzbereich
Grundrauschen	0,0 bis 3,2 kHz
	4,2 bis 5,3 kHz
	6,4 bis 7,0 kHz
Schwingungsmode AZ1	3,2 bis 4,2 kHz
Schwingungsmode AZ2	5,3 bis 6,5 kHz

Zunächst sind Messkammervarianten zu eliminieren, die im Frequenzbereich bis 7 kHz, neben den bekannten Eigenresonanzen einen hohes Grundrauschen zeigen. Im zweiten und dritten Schritt sind Varianten mit hohen Anteilen an den Eigenresonanz AZ1 und AZ2 zu eliminieren, wie in Abbildung 4.18 schematisch dargestellt.

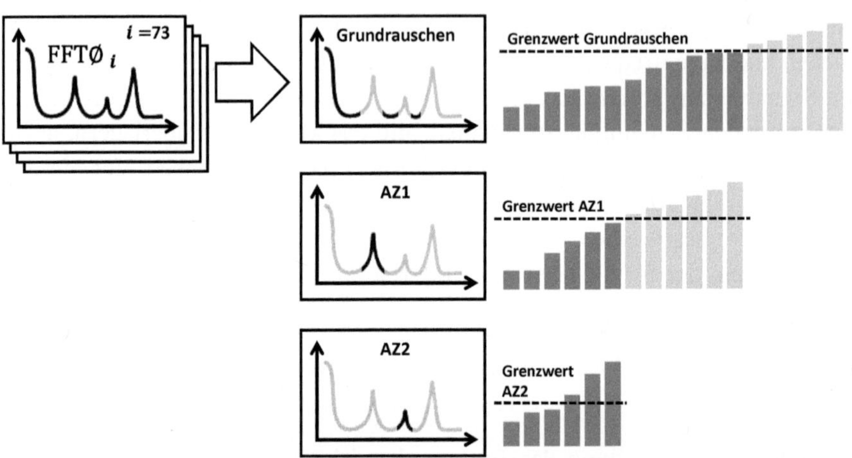

Abbildung 4.18: Bewertungsschema für die Ermittlung der schwingungsoptimalen Konfiguration für Messkammer C

Die Varianten werden anhand der gemittelten Amplitude in bar sortiert und diejenigen Varianten aus der Betrachtung ausgeschlossen, die den festgelegten Grenzwert von 0,0002 bar überschreiten. Die Gegenüberstellung der 73 Varianten nach dem Bewertungskriterium Grundrauschen erfolgt in Abbildung 4.19.

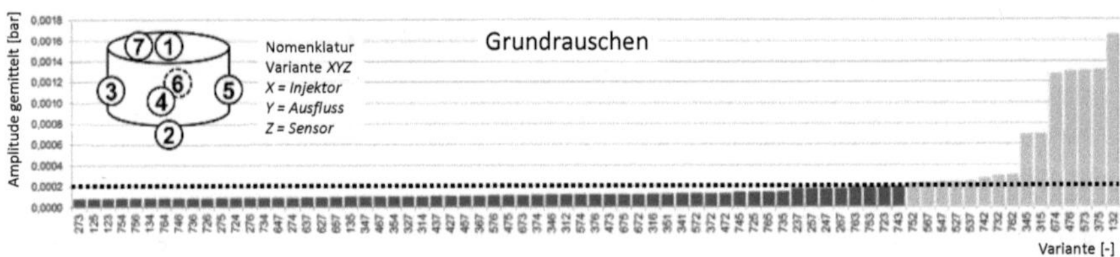

Abbildung 4.19: Gegenüberstellung der Varianten nach dem Kriterium Grundrauschen

Mit dem angelegten Grenzwert entfallen 15 Varianten, deren Frequenzanalyse in Abbildung 4.20 grau hinterlegt sind. Die 15 Varianten mit einem hohen Anteil an Grundrauschen im zugrundeliegenden Messkammerdrucksignal zeigen dabei verwandte Muster. In den dargestellten Einbaukonstellationen a, b und c liegen sich Drucksensor und Injektor gegenüber. Dabei nimmt das Niveau am Frequenzanteil Grundrauschen von Variante a nach b durch den vergrößerten Abstand zwischen Injektor und Sensor ab. Das Niveau sinkt weiter, sofern Injektor und Drucksensor nicht in einer Achse liegen, wie in Variante c zu erkennen. Die Beobachtungen sind plausibel, da der Gasstrom der Einblasung in den Einbaukonstellationen a, b und c direkt auf den Drucksensor trifft und sich die Schwingungen Gasschwingungen aus einem breiten Frequenzspektrum direkt auf das Messkammerdrucksignal aufprägen.

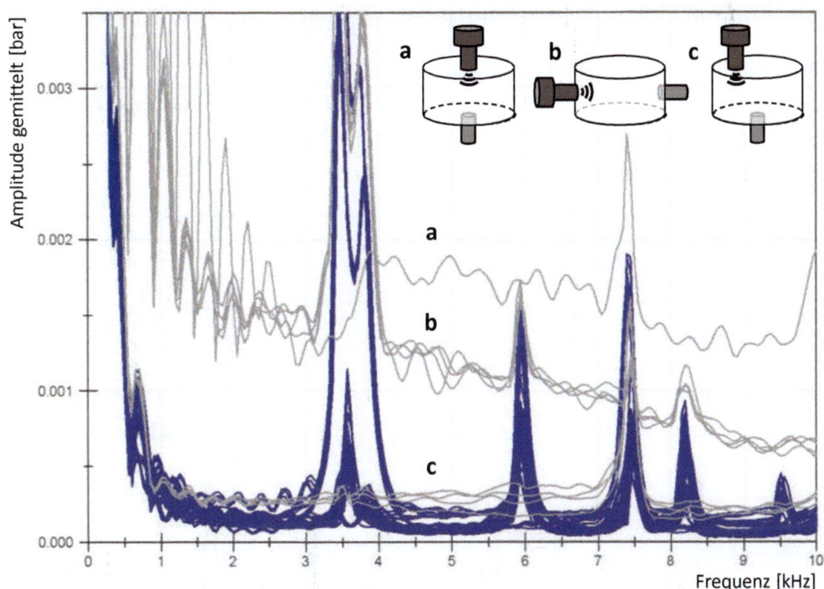

Abbildung 4.20: Übersicht der FFT-Analysen zum Sortierkriterium Grundrauschen

Im nächsten Schritt sind in Abbildung 4.21 die verbliebenen 58 Varianten nach dem AZ1-Kriterium gestaffelt. Hierfür wird ein Grenzwert von 0,0004 bar gewählt, um zu vermeiden, dass Varianten mit großen Vorteilen nach AZ2-Kriterium bereits aus der Auswahl ausscheiden. Dabei werden Varianten entfallen, die hohe Frequenzanteile im Bereich der azimutalen Schwingungsmode Ordnung 1 mit einer Eigenfrequenz von 3,57 kHz enthalten.

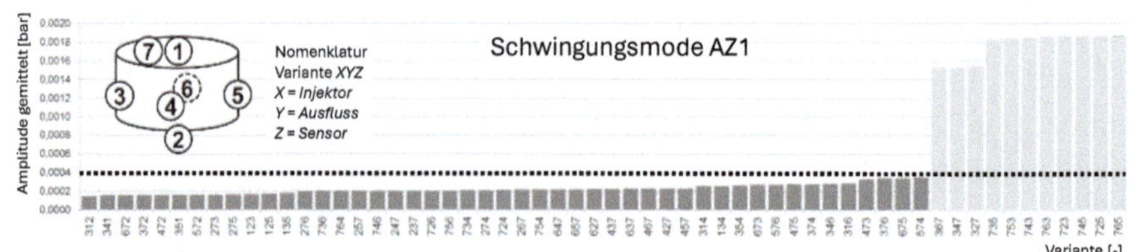

Abbildung 4.21: Gegenüberstellung der Varianten nach dem Kriterium AZ1

Der Grenzwert wird von 11 Varianten überschritten, deren Frequenzanalyse
in Abbildung 4.22 grau hinterlegt sind. Bezüglich des AZ1-Kriteriums stechen
insbesondere Einbaukonstellationen d heraus, bei denen der Drucksensor auf
der Mantelfläche des Zylinders positioniert ist.

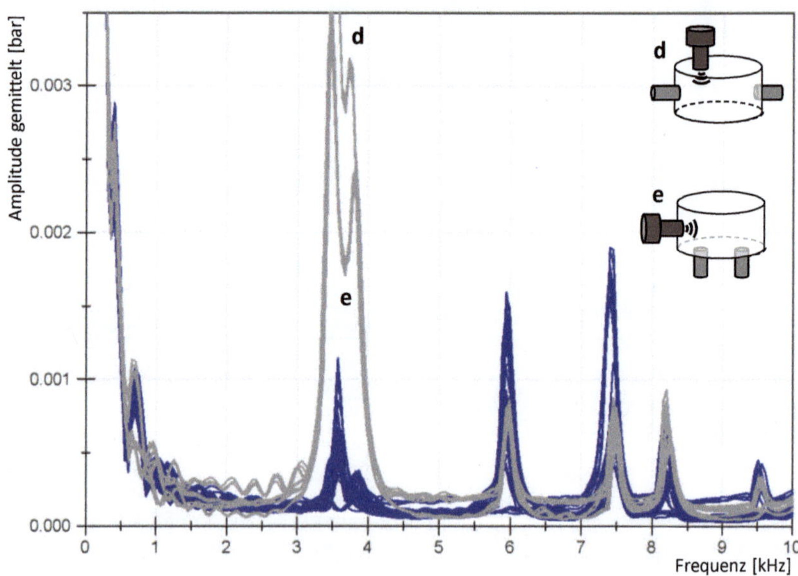

Abbildung 4.22: Übersicht der FFT-Analysen zum Sortierkriterium AZ1

Gemäß den angestellten theoretischen Betrachtungen aus Kapitel 4.2.2 sind in
diesem Bereich Extrema der azimutalen Schwingungsmode zu erwarten, was
an dieser Stelle empirisch untermauert werden kann. Varianten mit der Positionierung des Drucksensors auf der Zylinderoberseite bzw. -Unterseite reduzieren den Frequenzanteil der AZ1 Schwingungsmode im Messsignal

deutlich. Eine dezentrale Drucksensoranordnung nach Variante e erfährt dennoch die Druckstörungen.

Im letzten Schritt sind in Abbildung 4.23 die verbliebenen 47 Varianten nach dem AZ1-Kriterium sortiert. Es wird ein Grenzwert von 0,0002 bar gewählt, so dass dabei Varianten entfallen, die hohe Frequenzanteile im Bereich der azimutalen Schwingungsmode Ordnung 2 mit einer Eigenfrequenz von 5,94 kHz besitzen.

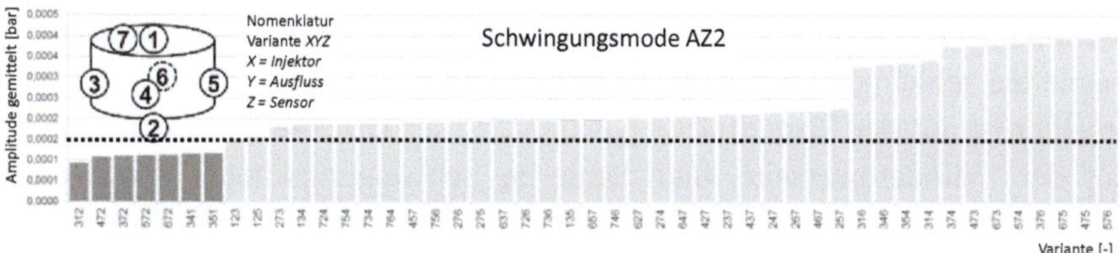

Abbildung 4.23: Gegenüberstellung der Varianten nach dem Kriterium AZ2

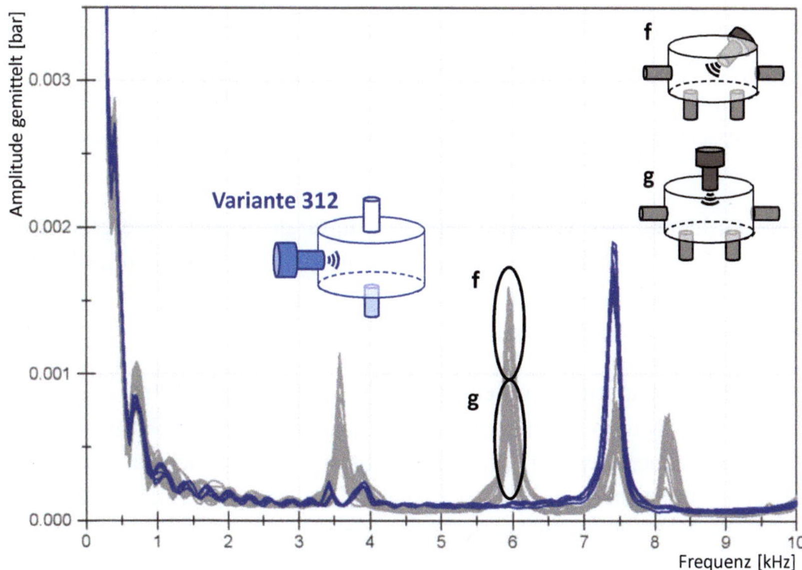

Abbildung 4.24: Übersicht der FFT-Analysen zum Sortierkriterium AZ2, und Darstellung der schwingungsoptimalen Messkammerkonfigurationen in blau

Anhand der dargestellten Einbaukonstellationen wird deutlich, dass eine Positionierung des Injektors auf der Zylindermantelfläche f höhere Frequenzanteile in der AZ2 Eigenschwingungsmode mit sich bringen als eine Positionierung auf der Zylinderoberfläche g. Ursächlich ist der, während der Einblasung eintretende, Gasstrahl, der je nach Einbaulage verstärkt die azimutalen oder longitudinalen Schwingungsmoden anregt.

Mittels der Bewertungskriterien und der empirischen Vorgehensweise können 7 schwingungsoptimale Varianten der Messkammer C identifiziert werden, die blau hervorgehoben sind. Variante 312 stellt im Rahmen der Messkampagne die schwingungsoptimale Konfiguration der Messkammer C dar. Der Injektor ist auf der Mantelfläche positioniert, der Drucksensor auf zentrisch auf der Zylinderunterseite, und damit im Schwingungsknoten der Eigenschwingungsmoden AZ1 und AZ2. Die vorausgegangenen Überlegungen zur Optimierung des Messsystems wurden experimentell bestätigt. Durch die Anpassung der Sensorposition an die Art Messkammerresonanzen konnte eine gezielte Reduktion der überlagernden Schwingungen auf das Messkammerdrucksignal erreicht werden. Weitere Schwingungsoptimierungen sind durch die Koppelung der Eigenfrequenzen mit der Schallgeschwindigkeit möglich, die von Stoffeigenschaften und Temperatur abhängt. Weitere Möglichkeiten zur Verbesserung der Signalqualität bestehen durch den Einsatz spezieller Signalfilter.

Die Neuauslegung der Messkammer führt durch die Volumensteigerung von 33 cm³ auf 63 cm³ nahezu zu einer Halbierung des Messkammerdruckanstiegs, ohne dabei die Messqualität für kleine Einblasemassen bis 1 mg/Einblasung negativ zu beeinflussen.

Durch die Schwingungsoptimierung der Messkammergeometrie lassen sich trotz größerem Kammervolumen die Störungen auf das Druckmesssignal im relevanten Frequenzbereich reduzieren. Ausgehend von Messkammer A und der Eigenresonanzen von 5,82 kHz lassen sich diese durch die zylindrische Messkammer und die optimierte Sensorposition auf 7,35 kHz verschieben.

In Summe lassen sich durch die erzielten Verbesserungen die Einflüsse des AirMexus Messprinzips auf die Gaseinblasung deutlich reduzieren. In der Folge nähern sich außermotorische Gasdiagnostik an motorische Analysen an.

Die optimierte Messkammer kommt in Kapitel 6 beim Übertrag auf motorische Analysen zum Einsatz.

4.3   Einflussanalyse Raildruck

Der Raildruck spielt eine entscheidende Rolle bei der Kraftstoffeinblasung und ist ein wesentlicher Parameter für CNG-Verbrennungsmotoren. Er steht nach Abbildung 4.2 in direkter Beziehung mit der Gaseinblasung. Es ist daher unerlässlich, einen reproduzierbaren Ausgangsdruck vor jeder Einblasung sicherzustellen und während des Einspritzvorgangs keine Abweichungen im Raildruckverlauf zuzulassen. Anhand einer Einblasung mit Injektor A bei einem Raildruck von 6,5 bar und einer Ansteuerdauer von 10 ms ergeben sich nach Abbildung 4.25 verschiedene Raildruckverläufe, in Abhängigkeit vom entsprechenden Railvolumen (RV).

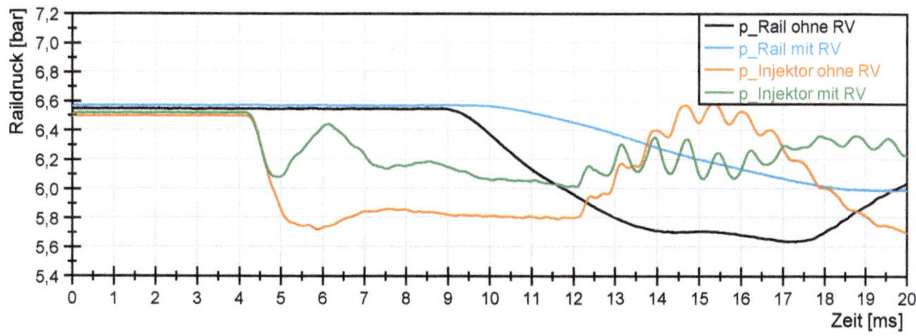

Abbildung 4.25: Raildruckverlauf über den zeitlichen Verlauf einer Gaseinblasung mit und ohne Railvolumen

Die Darstellung veranschaulicht die Sensitivität des Raildrucks und der Drucksignalerfassung. Der Messaufbau zeigt die Ausgangslage des variablen Laborkonzepts vor den nachfolgenden Verbesserungen zur Annäherung an motorische Versuche. Dabei sind die Messstellen p_Rail und p_Injektor 1,78 m voneinander entfernt und die Signalverläufe nicht direkt in Beziehung zu setzen. Daher werden alle Messsignale im Rahmen dieser Arbeit mit entsprechenden Laufzeitkorrekturen versehen. Die zeitliche Korrektur $t_{Korrektur}$

der Drucksignale ergibt sich aus der Schallgeschwindigkeit c in m/s des jeweiligen Testmediums und der Entfernung $l_{\text{Messstelle}}$ in m der Messstellen zum Injektor nach Gleichung 4.7.

$$t_{Korrektur} = \frac{l_{Messstelle}}{c} \qquad\qquad \text{Gl. 4.7}$$

Neben den Laufzeiteffekten zeigt Abbildung 4.25 auch den Einfluss des Railvolumens, wonach sich der Druckabfall im Railvolumen umgekehrt proportional zur ausgeströmten Einblasemasse verhält. Das Railvolumen dient als Druckspeicher, aus dem das Testgas über den Injektor in das Messsystem einströmt. Für die Analysezwecke dieser Arbeit wurde eine variables Railvolumen entwickelt, welches in Abbildung 4.26 dargestellt ist. Der aus Vollmaterial gefräste Edelstahlzylinder verfügt über acht Einschraubstutzen die verschiedene Gasinjektoren mittels variabler Injektorstutzen (2) aufnehmen können. Über die Verschlussstutzen (3) lassen sich Ein-zylinder- und Vollmotoraufbauten realisieren.

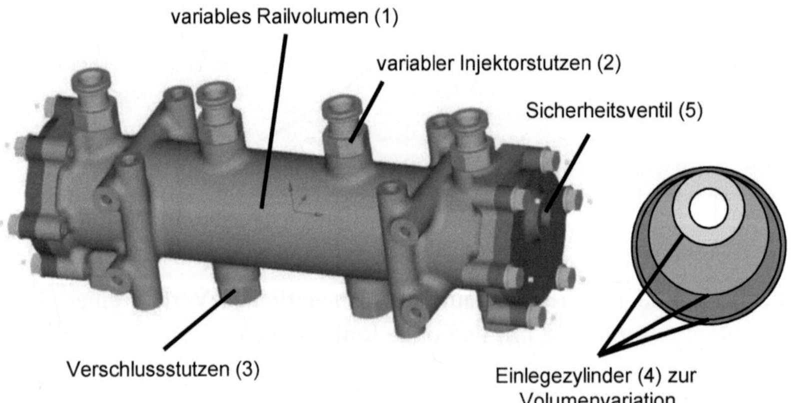

Abbildung 4.26: Eigene Darstellung der Vario-Rail mit variablen Stutzen zur Einbindung verschiedener Gasinjektoren und einer Prinzipskizze zur Volumenvariation

Die Vario-Rail verfügt über ein Maximalvolumen von 1 l. Über die beiden seitlichen Flansche lassen sich Einlegezylinder (4) einbringen, die das

Volumen stufenweise bis auf das Minimalvolumen von 0,1 l reduzieren. Die dezentrale Bohrung in den Einlegezylinder stellt sicher, dass die Distanz zwischen Railvolumen und Injektor für alle Volumenvariationen identisch ist. Die Vario-Rail ist für einen Maximaldruck von 25 bar ausgelegt, verfügt über ein Sicherheitsventil (5) und ist nach Druckgeräterichtline freigegeben.

Neben dem Railvolumen sind die Druckregler im variablen Laborkonzept entscheidend für die Reproduzierbarkeit der Raildruckverläufe sowie minimale Druckabweichungen zwischen zwei aufeinanderfolgenden Einblasevorgängen. Wie in Kapitel 3.4 beschrieben, kommen Raildruckregler der Firma Bronkhorst zum Einsatz die als PID-Regler arbeiten und an die jeweiligen Analysezwecke angepasst werden können. Alternativ können Fahrzeugdruckregler in das Laborkonzept eingebunden werden, um Fahrzeugnahe Randbedingungen abbilden zu können. Abbildung 4.27 zeigt für die Einblasung mit Injektor A bei einem Raildruck von 6,5 bar und einer Ansteuerdauer von 10 ms (vgl. Abbildung 4.27) die hohe Reproduzierbarkeit des zeitlichen Raildruckverlaufs, welche durch die Vario-Rail und optimierte Druckregelparameter erreicht wird.

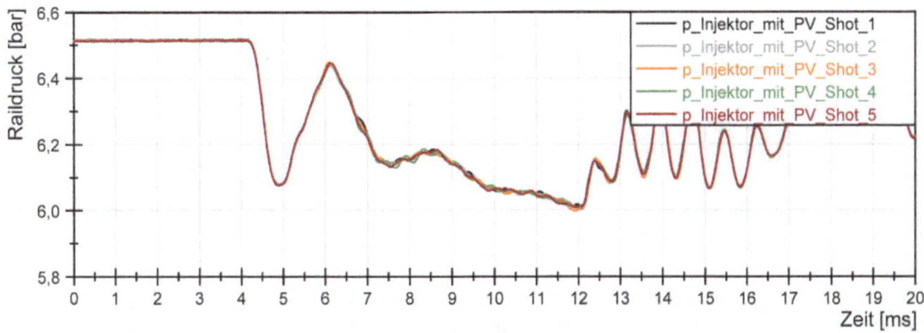

Abbildung 4.27: Reproduzierbarer Raildruck mit Vario-Rail über den zeitlichen Verlauf einer Gaseinblasung

Aufbauend auf den getätigten Laboranpassungen wird eine Raildruckvariation mit Einblasedrücken zwischen 4,0 und 7,0 bar in einer Schrittweite von 0,5 bar durchgeführt, deren Öffnungs- und Schließkenngrößen in Tabelle 4.7 aufgeführt sind. Dabei wurde eine konstante Ansteuerdauer von 6480 µs und ein Messkammerdruck von 1,1 bar gewählt. Entgegen der Variation zum Messkammergegendruck (vgl. Kapitel 4.2) wurde keine Korrektur der

Ansteuerdauer vorgenommen. Dies ist darin begründet, dass der Raildruck und damit die Einflüsse auf die Einblasevorgänge auch in motorischen Versuchen zu beobachten sind, während der Messkammerdruck eine Randbedingung des gewählten Shot-to-Shot Massenmesssystems AirMexus ist.

Tabelle 4.7: Öffnungs- und Schließkenngrößen des Injektors A für die durchgeführte Raildruckvariation

Rail-druck	Ansteuer-dauer	Öffnungs-verzug	Schließ-verzug	Einblase-dauer	Einblase-masse
4,0 bar	6480 µs	2513 µs	1823 µs	5790 µs	31,382 mg
4,5 bar	6480 µs	2665 µs	1777 µs	5592 µs	33,805 mg
5,0 bar	6480 µs	2812 µs	1759 µs	5427 µs	36,498 mg
5,5 bar	6480 µs	2953 µs	1716 µs	5243 µs	38,810 mg
6,0 bar	6480 µs	3109 µs	1683 µs	5054 µs	40,077 mg
6,5 bar	6480 µs	3277 µs	1678 µs	4881 µs	42,077 mg
7,0 bar	6480 µs	3458 µs	1631 µs	4653 µs	42,539 mg

Die Raildruckvariation in Abbildung 4.28 zeigt, dass sich die am Injektor wirksamen Kräfte nach Abbildung 4.3 auch im Rahmen der Raildruckvariation in direkter Wirkbeziehung auf das Öffnungs- und Schließverhalten des Injektors auswirken. Während der Öffnungsverzug bei 4,0 bar mit 2513 µs am geringsten ausfällt, steigt dieser bei 7,0 bar auf 3458 µs an. Das umgekehrte Verhalten lässt sich in deutlich reduzierter Form beim Schließvorgang beobachten, wobei die nach außen schließende Nadel vom Raildruck unterstützt wird.

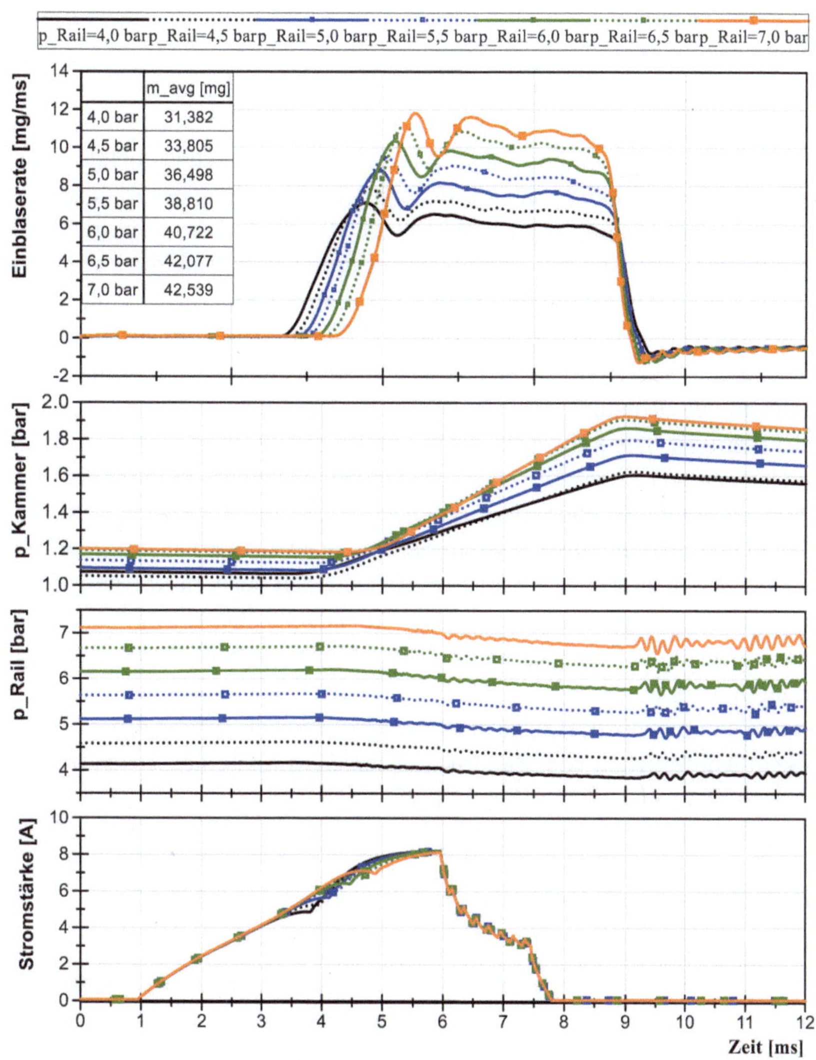

	m_avg [mg]
4,0 bar	31,382
4,5 bar	33,805
5,0 bar	36,498
5,5 bar	38,810
6,0 bar	40,722
6,5 bar	42,077
7,0 bar	42,539

Abbildung 4.28: Raildruckvariation für Injektor A mit Raildruckstufen zwischen 4,0 und 7,0 bar mit einer Schrittweite von 0,5 bar

Die Einblaserate zeigt für alle Ratenverläufe einen deutlichen Einbruch des Massenstroms, der unmittelbar nach dem vollständigen Injektoröffnung auftritt. Dabei nimmt der Einbruch im Ratenverlauf mit zunehmendem Raildruck zu, weshalb auch hier analog zur Variation des Messkammerdrucks von einem Nadelprellen auszugehen ist. In Bezug auf die Einblasemasse überlagern sich demnach zwei gegensätzliche Effekte. Zum einen steigt der Massenstrom nach Gleichung 2.24 abhängig von Raildruck und Dichte des strömenden Mediums an. Zum anderen führen die großen Öffnungsverzüge bei zunehmendem Raildruck zu kürzeren Einblasedauern. Bei einer Verdoppelung des Raildrucks ist auch eine Verdoppelung der Einblasemasse zu erwarten, wie dies durch die proportionale Erhöhung des Einblasemassenstroms in Abhängigkeit vom Raildruck zu beobachten ist. Effektiv steigt die Einblasemasse aber weniger stark an, da die sich die Einblasedauer reduziert. Für den Übertrag auf motorische Versuche und Analysen ist es daher von großer Bedeutung die Raildruckabhängigkeit der Öffnungs- und Schließverzüge des Injektors zu kennen und zu berücksichtigen. Die Raildruckabhängigkeit wurde auch in motorischen Untersuchungen von SEBOLDT [34] nachgewiesen. Neben den aufgezeigten Auswirkungen auf die Einblasemasse können die zeitlichen Verzüge sich direkt auf den Gemischbildungsprozess auswirken, nicht zuletzt bei Saugrohrinjektoren, bei denen die Gaseinblasung in Abhängigkeit der Ventilöffnungszeiten auszulegen ist. Es gilt zu betonen, dass die aufgezeigten Einflüsse des Raildrucks in Bezug auf das Öffnungs- und Schließverhalten direkt vom eingesetzten Injektor A abhängen, sich bei anderen Injektorkonzepten verändern oder umkehren können. Hingegen ist die proportionale Zunahme der Einblasmasse in Abhängigkeit vom Raildruck unabhängig vom eingesetzten Injektor.

4.4 Einflussanalyse Injektoransteuerung und Injektor

CNG-Injektoren dosieren die erforderliche Masse an brennbarem Gas in den Brennraum des Motors, um die Leistungsbereitstellung entsprechend dem Fahrerwunsch umzusetzen. Die geometrische Auslegung des Injektors muss somit gleichzeitig einen großen Einblasemassenstrom für die Leistungszielerreichung sowie eine Minimalmassengenauigkeit für die Einhaltung von Emissionsgrenzwerten garantieren. Die geometrischen Eigenschaften von Injektoren im vollständig geöffneten Zustand bestimmen den Einblasemassenstrom durch den freigegebenen Austrittsquerschnitt. Daneben beeinflussen Öffnungs- und Schließvorgänge den Einblasemassenstrom entscheidend, da hierdurch der zeitliche Verlauf des freigegebenen Austrittsquerschnitts bestimmt wird. Bei Magnetventilen wird der zeitliche Verlauf des freigegebenen Austrittsquerschnitts A maßgeblich durch das elektrische Ansteuerprofil und die elektrische Ansteuerdauer bestimmt.

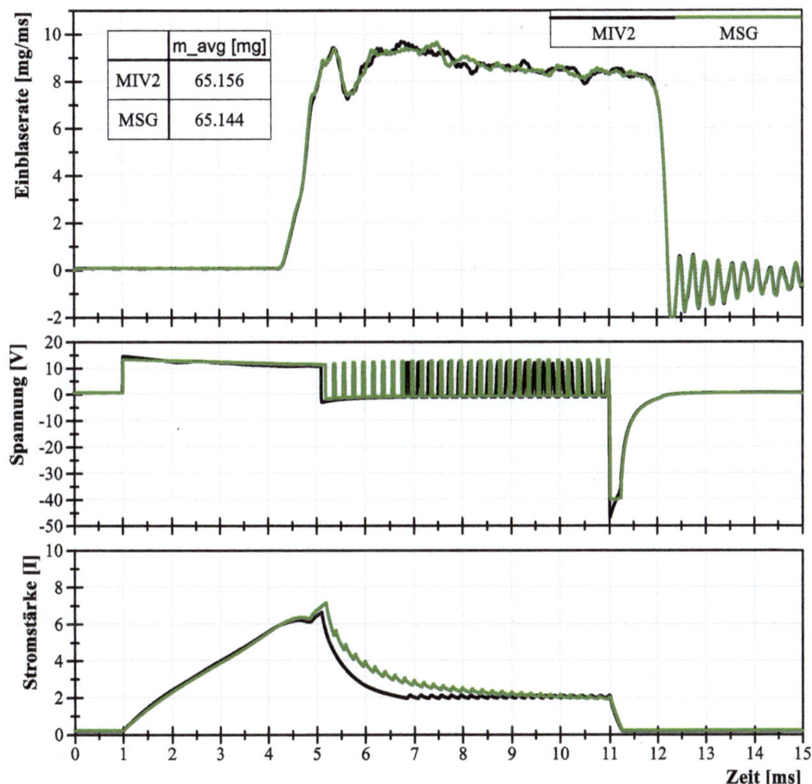

Abbildung 4.29: Ansteuervariation für Injektor A mittels variabler Laborendstufe MIV2 und Motorsteuergerät MSG

Die elektrische Ansteuerung bei außermotorischen Untersuchungen erfolgt, wie in Kapitel 3.4 beschrieben durch eine variable elektrische Endstufe, während die elektrische Ansteuerung bei innermotorischen Untersuchungen vom Motorsteuergerät übernommen wird. Demnach wird die Qualität der außermotorischen Analysen von der Vergleichbarkeit der elektrischen Ansteuerung mittels variabler elektrischer Endstufe bzw. Motorsteuergerät bestimmt. Die nachfolgende Abbildung 4.29 untersucht daher in einer direkten Gegenüberstellung den resultierenden Einblasemassenstrom bei Injektoransteuerung mittels variabler Endstufe (MIV2) und Motorsteuergerät (MSG). Für die Gegenüberstellung wurde der Einblasemassenstrom für 100 Einzeleinblasungen des Injektors A bei einer Einblasefrequenz von 10 Hz ermittelt. Für den Versuch wurde ein Raildruck von 6,0 bar, ein Messkammerdruck von 1,0 bar und eine Ansteuerdauer von 10 ms gewählt. Das Diagramm zeigt den Einblasemassenstrom als Einblaserate in mg/ms als Mittelwert aus den 100 Einzeleinblasungen. Gegenübergestellt sind die die Einblaseraten bei Ansteuerung mittels MIV2 bzw. mittels MSG.

In beiden Fällen wird der Injektor mit dem spezifizierten Ansteuerprofil angesteuert, welches eine Boostspannung von 14,5 V und eine Löschspannung von -45,0 V sowie eine maximale Stromstärke von 7 A in der Boostphase und 2 A in der Haltephase vorsieht. Die MIV2 ist als Laborendstufe in der Form gestaltet, dass sie durch freie Parametereinstellungen dem Spannungsprofil des Motorsteuergeräts folgen kann, wodurch sich insbesondere in den relevanten Zeitabschnitten des Injektoröffnens und -schließens hohe Übereinstimmungen im Ansteuerprofil erzielen lassen. Abweichungen im Stromverlauf sind allein im Bereich der Haltephase zu erkennen, die sich jedoch nicht auf die Einblaserate auswirkt. Als Resultat aus der Leistungsfähigkeit der Laborendstufe MIV2 folgen identische Einblaseraten und Einblasemassen, die entscheidend für den Übertrag von außermotorischen auf motorische Analysen sind.

Nachfolgend wird die Boostspannung über die variable Parametrisierung der MIV2 Laborendstufe zwischen 10 V und 15 V in der Schrittweite 1 V variiert. In motorischen Versuchen und insbesondere in der Fahrzeuganwendung sind häufig schwankende Spannungsniveaus zu erwarten, da die Endstufen von CNG-Motorsteuergeräten zumeist aus dem Fahrzeug Bordnetz gespeist werden und aus Kostengründen nicht immer eigenen Spannungsregler besitzen. Die Variation der Boostspannung wird für einen Einblasevorgang mit einem Raildruck von 6,0 bar, einem Messkammergegendruck von 1,1 bar und einer Ansteuerdauer von 6480 µs durchgeführt. Abbildung 4.30 zeigt neben der gemessenen Einblaserate den zeitlichen Verlauf der Stromstärke, der das Verhalten des Aktuators direkt abbildet.

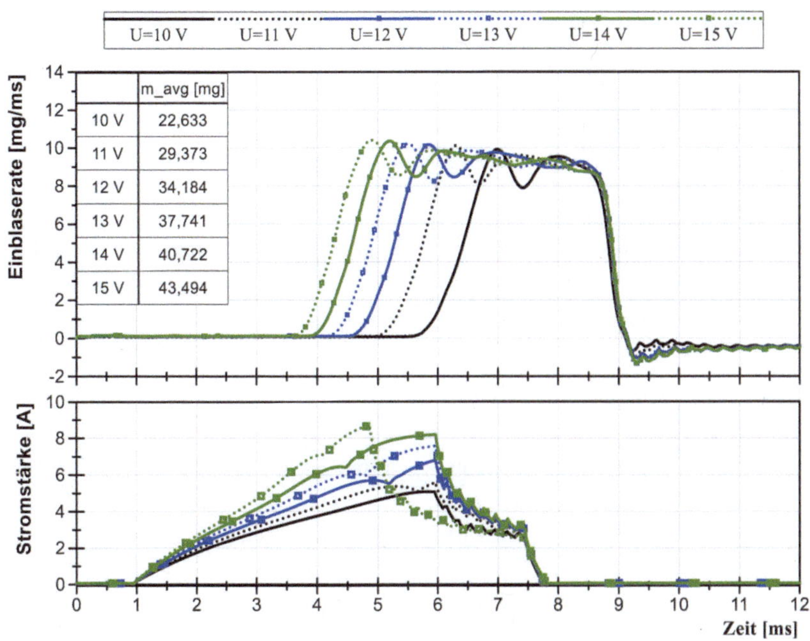

Abbildung 4.30: Ansteuervariation Boostspannung zwischen 10 und 15 V in der Schrittweite 1 V

Entsprechend der Darstellung führen höhere Boostspannungen zu einem schnelleren Anstieg des Stromflusses in der Magnetspule, woraus ein schnellerer Aufbau der Magnetkraft resultiert. Diese bewirkt die Bewegung der als Anker ausgeführten Injektornadel und damit das das Öffnen des Injektors. Der charakteristische Verlauf der Stromstärke wird durch die Bewegung des Ankers durch die Magnetspule bewirkt, da sich dabei die Induktivität dieser ändert, was zur Abweichung des Stromverlaufs von einer sonst typischen Exponentialfunktion führt. Sobald die Ankerbewegung durch den Anschlag der Nadel an ihrer Endposition stoppt, folgt der Stromverlauf erneut einer Exponentialfunktion. Dies wird durch den charakteristischen Knickpunkt im Stromverlauf abgebildet. Mit zunehmender Boostspannung verschiebt sich der charakteristische Knickpunkt zeitlich nach spät und ist bei einer Spannungslage von 10 V kaum zu erkennen. Folglich wird ein weiteres Absinken der Spannungslage dazu führen, dass die erreichbare Magnetkraft nicht ausreicht, um den Injektor zu öffnen.

Tabelle 4.8:	Öffnungs- und Schließkenngrößen des Injektors A für die durchgeführte Spannungsvariation

Boost-spannung	Ansteuer-dauer	Öffnungs-verzug	Schließ-verzug	Einblase-dauer	Einblase-masse
10 V	6480 µs	4856 µs	1672 µs	3296 µs	22,633 mg
11 V	6480 µs	4219 µs	1688 µs	3949 µs	29,373 mg
12 V	6480 µs	3766 µs	1703 µs	4417 µs	34,184 mg
13 V	6480 µs	3401 µs	1669 µs	4748 µs	37,741 mg
14 V	6480 µs	3109 µs	1683 µs	5054 µs	40,722 mg
15 V	6480 µs	2828 µs	1686 µs	5338 µs	43,494 mg

Die Kenngrößen zur Spannungsvariation aus Tabelle 4.8 bestätigen die optische Interpretation aus Abbildung 4.30. Da im Rahmen der Spannungsvariation allein die Boostspannung variiert wurde, sind keine Veränderungen im Schließverhalten zu erwarten, was anhand der Werte aus Tabelle 4.8 bestätigt wird. Eine Normierung der der Einblasemasse auf die Einblasedauer zeigt ein ähnliches Niveau um ca. 8 mg/ms, wobei die niedrigen Spannungsvarianten 10 V und 11 V mit 6,6 mg/ms, bzw. 7,4 mg/ms stärker abweichen. Dies liegt am größeren Zeitanteil von Öffnungs- und Schließvorgang an der Gesamteinblasedauer. Festzuhalten ist, dass insbesondere die Abhängigkeit des Injektoröffnens von der Boostspannung für einen Übertrag auf motorische Versuche zu berücksichtigen ist. Es gilt zu betonen, dass die aufgezeigten Einflüsse der Boostspannung direkt vom eingesetzten Injektor A abhängen, sich bei anderen Injektorkonzepten verändern oder umkehren können.

Eine Einflussanalyse in Bezug auf verschiedene Injektorkonzepte ist nachfolgend in Abbildung 4.31 dargestellt. Hierfür werden neben dem bereits bekannten Injektor A mit 100 cm³, zwei Abwandlungen mit reduziertem

Massendurchfluss, A2 mit 73 cm³ und A3 mit 63 cm³ gegenübergestellt. Die Angabe des Massendurchflusses basieren auf einer Herstellerangabe, bei welcher der kontinuierliche Volumenstrom bei einem spezifischen Betriebspunkt ermittelt wird.

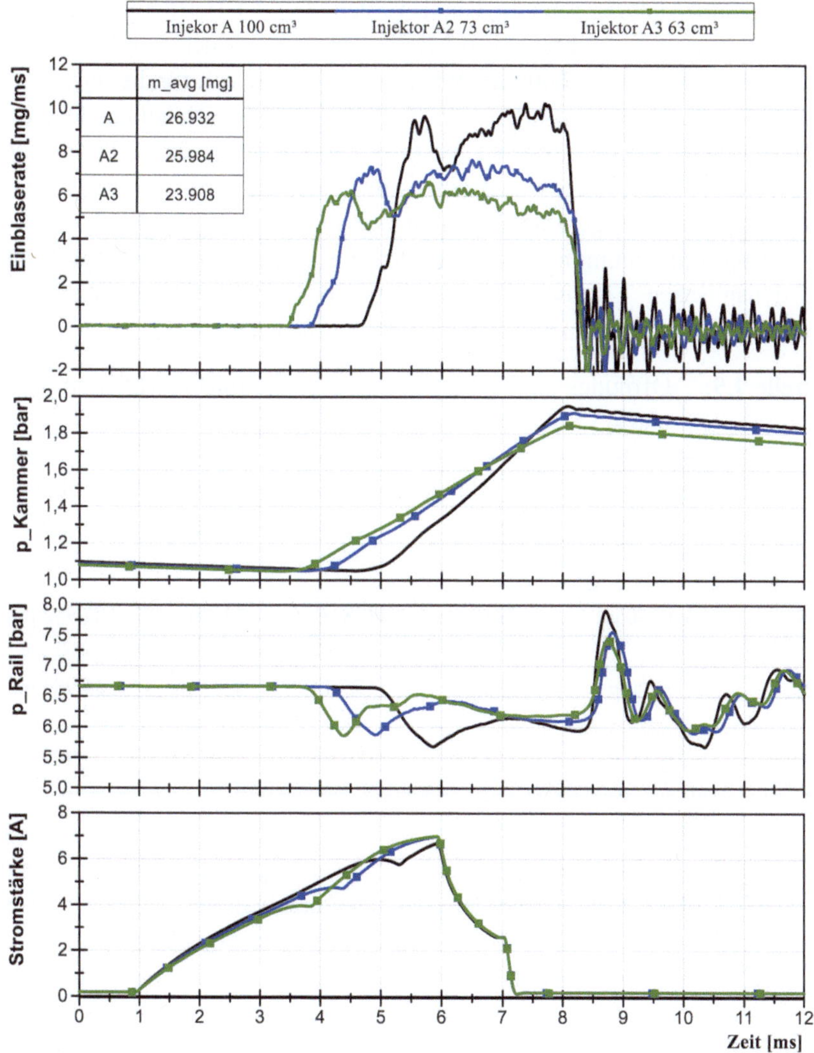

Abbildung 4.31: Injektorvariation A, A2 und A3

Die Injektorvarianten wurden ausgewählt, da sie sich allein im Düsenbereich unterscheiden und ansonsten baugleich sind. Der erhöhte Durchfluss wird durch einen größere Ausflussquerschnitt erreicht, der durch eine angepasste Injektornadel verschlossen wird.

Die Gegenüberstellung zeigt die Einblaseraten für einen Betriebspunkt mit einem Raildruck von 6,7 bar, einem Messkammergegendruck von 1,1 bar und einer Ansteuerdauer von 6000 µs. Wie erwartet zeigen sich für die Injektorvarianten für die Phase des stationären Ausströmens unterschiedliche Massenströme, welche auf die größeren Ausflussquerschnitte zurückzuführen sind. Im Bereich des stationären Ausströmens lässt sich das Verhältnis 1:0,73:0,63 nachvollziehen, wogegen die Einblasemasse in Bezug auf die Ansteuerdauer nur geringfügig zunimmt. Erneut werden die stationären Strömungseffekte von dynamischen Eigenschaften des Injektors überlagert, was anhand der Shot-to-Shot Kennzahlen aus Tabelle 4.9 messbar wird.

Tabelle 4.9:   Öffnungs- und Schließkenngrößen für Injektorvariation A, A2 und A3

Injektor	Ansteuer-dauer	Öffnungs-verzug	Schließ-verzug	Einblase-dauer	Einblase-masse
A	6000 µs	3724 µs	1128 µs	3404 µs	26,932 mg
A2	6000 µs	2838 µs	1175 µs	4337 µs	25,984 mg
A3	6000 µs	2433 µs	1130 µs	4697 µs	23,908 mg

Während die Schließverzüge auf einem Niveau liegen, zeigen sich erneut große Effekte beim Öffnungsvorgang des Injektors. Während der größere Ausflussquerschnitt für Injektor A für einen höheren stationären Massenstrom sorgt, führt die größere Ausführung der Injektornadel dazu, dass sich das Kräfteverhältnis bezogen auf den Öffnungsvorgang zwischen den Injektorvarianten verschiebt. Eine kumulative Kennfeldvermessung, bei welcher der Ansteuerdauer eine Einblasemasse zugeordnet wird, würde demnach ein Verkippen der Massenkurven zeigen. Das Verkippen der Massenkurven ist darin begründet, dass Öffnungsverzüge, insbesondere bei mittleren und kleinen Ansteuermengen, stärker zum Tragen kommen. Bei Einblasevorgänge mit langen Phasen stationären Ausströmens nimmt der dynamische Effekt des verzögerten Injektoröffnens hingegen einen geringeren Anteil an.

Im Rahmen der Einflussanalyse zur Injektoransteuerung und Injektorvariation zeigt sich die Bedeutung der gasdynamischen Massendiagnostik, die im Gegensatz zu kumulativen Messverfahren zusätzliche Informationen zum dynamischen Verhalten von CNG-Injektoren bietet. Dieser Einfluss wird auch von MEENA [35] experimentell beschrieben, wenngleich die Shot-to-Shot Ratenmesstechnik detailliertere Auswertemöglichkeiten bietet Dies ist von entscheidender Bedeutung, wenn CNG-Einblasesysteme konsequent weiterentwickelt werden sollen und im CNG-Verbrennungsmotor sehr viel höheren Dynamikanforderungen unterliegen. Wenngleich die Einflussanalyse Saugrohrinjektoren ins Zentrum der Bewertung rückt, sind identische Effekte bei direkteinblasenden Injektoren zu beobachten. Dabei zeigen die Ergebnisse, dass die Auslegung des Aktuators direkt die dynamischen Injektoreigenschaften bestimmen und der zeitliche Verlauf der Stromstärke ein Indikator für Öffnungs- und Schließvorgänge ist.

4.5 Einflussanalyse Temperatur

Die Temperatur ist nach Abbildung 4.2 ein Einflussfaktor, der sich über die Beziehung zu den Stoffeigenschaften des strömenden Mediums auf die Gaseinblasung auswirkt und deshalb an dieser Stelle bewertet werden soll. Die Temperaturkonditionierung von Gasen stellt eine große Herausforderung dar, da Gase im Gegensatz zu Flüssigkeiten oder Festkörpern eine geringere Wärmeleitfähigkeit besitzen und die Moleküle aufgrund der geringeren Dichte weiter voneinander entfernt sind. Das in Kapitel 3.4 vorgestellte variable Laborkonzept versucht über spezielle Leitungsbeschichtungen den Wärmeübergang der Umgebung auf das strömende Medium zu minimieren. Für die angestrebte Temperaturvariation wurde der Laboraufbau zusätzlich um einen Wärmetauscher der Firma GEA PHE SYSTEMS erweitert. Der

Plattenwärmetauscher ist für Systemdrücke bis 30 bar ausgelegt und wird im Gegenstromprinzip vom Testmedium sowie vom Klimamittel durchströmt. Über das Temperiergerät der Firma Lauda lässt sich das Klimamittel in einem großen Temperaturbereich regeln und so das gasförmige Testmedium konditionieren.

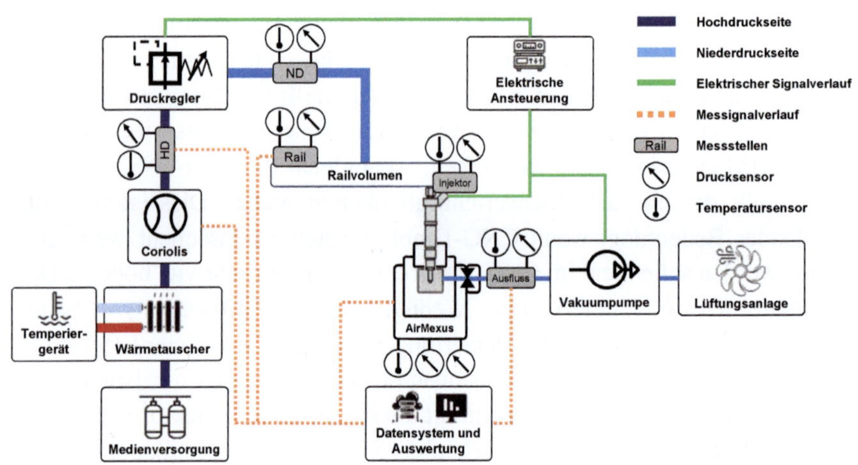

Abbildung 4.32: Versuchsaufbau für die gasdynamische Massendiagnostik erweitert um einen Wärmetauscher zur Temperaturkonditionierung des Versuchsmediums

Wie Abbildung 4.32 veranschaulicht, durchströmt das Testmedium ausgehend von der Laborseitigen Medienversorgung den Plattenwärmetauscher, bevor es vom Hochdruck- über den Druckregler in den Niederdruckbereich strömt. Bei der Druckminderung von Gasen kommt es zur Temperaturänderung, gleichzeitig erhitzt sich das Medium beim Durchströmen des Leitungssystems bis hin zum Injektor. Im Rahmen einer Grenzbetrachtung wird Injektor A über einen Zeitraum von einer Stunde mit einem konstanten Betriebspunkt betrieben. Hierfür wird ein Raildruck von 8 bar, ein Messkammerdruck von 2,5 bar und eine Ansteuerdauer von 6900 µs für das Testmedium Stickstoff gewählt. Abbildung 4.33 zeigt die mit dem gewählten Messaufbau erzielbaren Grenztemperaturen für die Messstellen im Hochdruck-, Niederdruckbereich und der Rail.

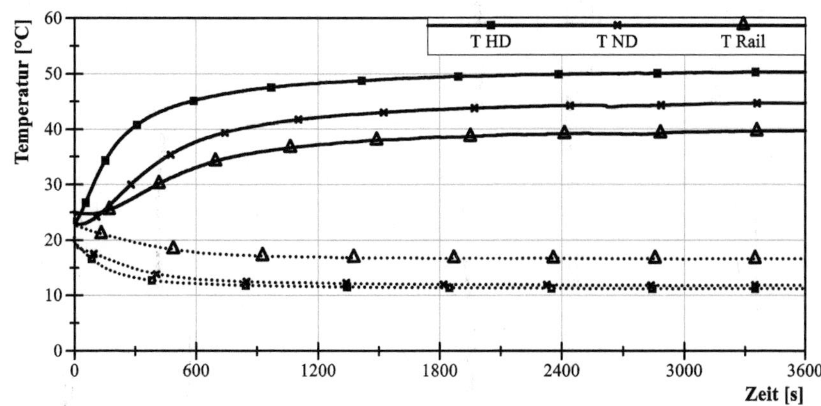

Abbildung 4.33: Erzielbare Grenztemperaturen für das variable Laborkonzept zur gasdynamische Massendiagnostik

Der zeitliche Temperaturverlauf zeigt Abkühlkurven (gestrichelt) und Aufwärmkurven, die nach 30 Minuten konstante Temperaten erreichen. Es lassen sich über den Plattenwärmetauscher Gastemperaturen von bis zu 50 °C im Hochdruckbereich erzielen. Durch die Druckminderung vom Hochdruck in den Niederdruckbereich kühlt das Gas ab. Weitere Temperaturverluste sind trotz isolierter Strömungsleitungen zu verzeichnen, so dass sich in der Rail eine maximale Temperatur von 40 °C erreichen lässt. Für die Aufwärmkurve wurde der Druck im Hochdruckbereich gering gewählt, um die Temperaturverluste bei der Entspannung hin zum Niederdruckbereich zu minimieren.

Für die Abkühlkurve lassen sich über den Plattenwärmetauscher Temperaturen bis nahe 10 °C im Hochdruck erreichen. Aufgrund der Systemdruckgrenze für den Plattenwärmetauscher von 30 bar kann der Abkühleffekt durch die Gasentspannung nur in begrenzter Form genutzt werden. Der Temperaturabfall durch den Entspannungsvorgang wird gleichzeitig vom Temperaturanstieg überlagert, welcher durch die Reibung innerhalb des Druckreglers entsteht. Bis hin zum Railvolumen erwärmt sich das strömende Gas weiter, so dass sich im eingeschwungenen Zustand Railtemperaturen bis hin zu 15 °C erreichen lassen.

Während der kontinuierlichen Gaseinblasung wird die Einblaserate mit Hilfe des AirMexus Shot-to-Shot Massenmesssystems erfasst. Abbildung 4.34 stellt

der Einblaserate bei einer Railtemperatur von 15 °C die Rate bei 40 °C (gestrichelt) gegenüber.

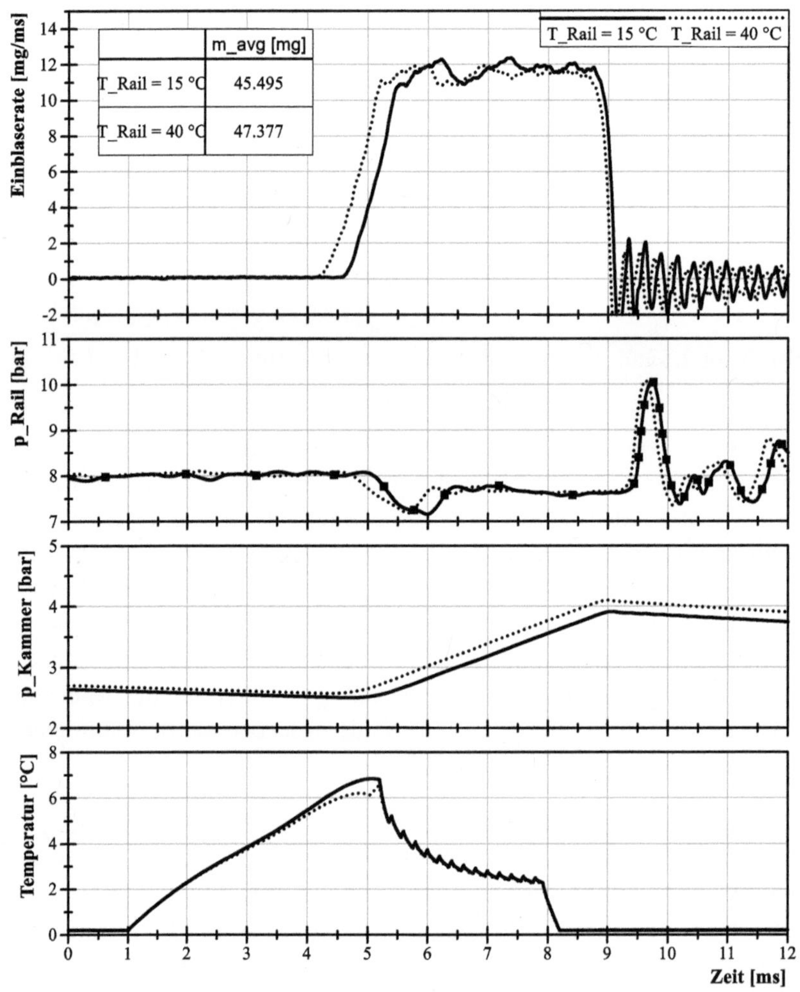

Abbildung 4.34: Temperaturvariation für Injektor A mit den Temperaturstufen 15 °C und 40 °C

Bei Betrachtung der Ratenverläufe sind große Übereinstimmungen in der Cha-
rakteristik der Einblaserate zu erkennen, wobei es analog zu den vorherigen

Einflussanalyen Unterschiede im Öffnungs- und Schließverhalten zu beobachten gibt. Dabei lassen sich die Unterschiede nicht unmittelbar auf das Kräftegleichgewicht des Injektors beziehen, weshalb weitere Effekte in Betracht gezogen werden müssen.

Die Temperatur beeinflusst im Temperaturbereich von 15 bis 40 °C die Schallgeschwindigkeit c sowie die Dichte ρ des strömenden Gases, wogegen die Realgaseffekte nach Kapitel 2.1 im relevanten Druckbereich zu vernachlässigen sind. Die Schallgeschwindigkeit verhält sich proportional zur Temperaturänderung wobei mit dem Isentropenexponenten $\kappa = 1{,}4$ und dem Realgasfaktor $R = 287\,J/kgK$ sich nach Gleichung 2.20 Schallgeschwindigkeiten von $c_{15°C} = 340{,}26\,\frac{m}{s}$ und $c_{40°C} = 354{,}72\,\frac{m}{s}$ ergeben. Bei einer Entfernung des AirMexus Messkammerdrucksensors von 5 cm zum Injektor folgt demnach eine zeitliche Verschiebung des Messkammerdrucksignals um 6 µs nach. Abbildung 4.35 zeigt die Öffnungs- und Schließphasen als Detailbetrachtung für die Temperaturen zwischen 15 °C und 40 °C in einer Schrittweite von 5 °C.

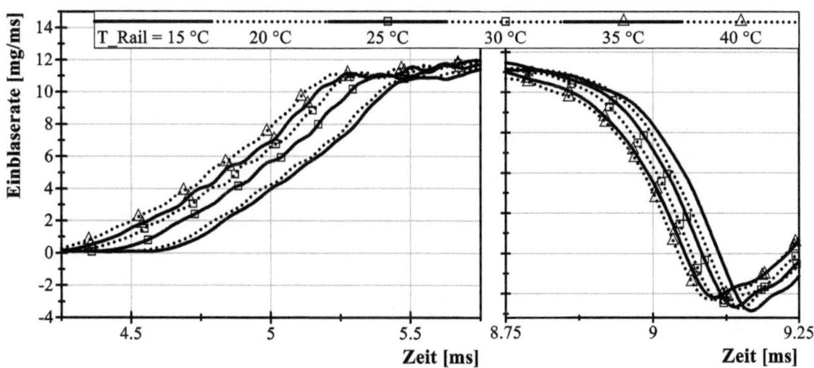

Abbildung 4.35: Detailbetrachtung Öffnungs- und Schließverzug für die Temperaturvariation zwischen den Temperaturstufen 15 °C und 40 °C

Die Darstellung zeigt, dass sich mit zunehmender Temperatur das Injektoröffnen sowie -schließen nach früh verschiebt. Die Detailbetrachtung anhand der Kenngrößen aus Tabelle 4.10 zeigt, dass der Öffnungsvorgang sensitiver auf die Temperaturerhöhung ist als das Injektorschließen. Demnach kann der

Einfluss der Schallgeschwindigkeit nicht allein die Ursache sein und es zeigt sich eine Temperaturabhängigkeit der am Injektor wirksamen Kräfte nach Abbildung 4.3.

Tabelle 4.10: Öffnungs- und Schließkenngrößen des Injektors A für die durchgeführte Temperaturvariation

Gastemperatur	Ansteuerdauer	Öffnungsverzug	Schließverzug	Einblasedauer	Einblasemasse
15 °C	6900 µs	3672 µs	1224 µs	4452 µs	45,484 mg
20 °C	6900 µs	3635 µs	1201 µs	4466 µs	45,513 mg
25 °C	6900 µs	3517 µs	1195 µs	4578 µs	46,532 mg
30 °C	6900 µs	3432 µs	1177 µs	4645 µs	47,038 mg
35 °C	6900 µs	3385 µs	1167 µs	4682 µs	47,044 mg
40 °C	6900 µs	3323 µs	1154 µs	4731 µs	47,377 mg

Normiert man die Einblasemasse mit der effektiven Einblasedauer so folgt für $T = 15\ C°$ ein Massenstrom von $\dot{m}_{15°C} = \frac{45{,}484\ mg}{4452\ µs} = 10{,}217\ \frac{mg}{ms}$, für $T = 40\ C°$ dagegen ein Massenstrom von $\dot{m}_{40°C} = \frac{47{,}377\ mg}{4731\ µs} = 10{,}014\ \frac{mg}{ms}$ und demnach eine Abweichung um 2,03 %. Neben der Schallgeschwindigkeit wirkt sich die Temperaturdifferenz auch auf die Dichte des strömenden Mediums aus. Nach dem Gesetz von GAY-LUSSAC ändert sich das Volumen V eines idealen Gases bei konstantem Druck linear mit der Temperatur. [12] Demnach gilt Gleichung 4.8.

$$\frac{V_{15°C}}{V_{40°C}} = \frac{\rho_{15°C}}{\rho_{40°C}} = \frac{288,15\ K}{313,15\ K} = 0,920 \qquad\qquad \text{Gl. 4.8}$$

Durch die Temperaturerhöhung um 25 K reduziert sich die Dichte um 8 %, weshalb eine Reduzierung des Einblasemassenstroms um 8 % zu erwarten wäre. Abbildung 4.36 zeigt die Detailbetrachtung der Phase des stationären Ausströmens, wobei die Tendenz der Ratenverläufe den Dichteeinfluss bestätigt, allerdings in geringerem Maße.

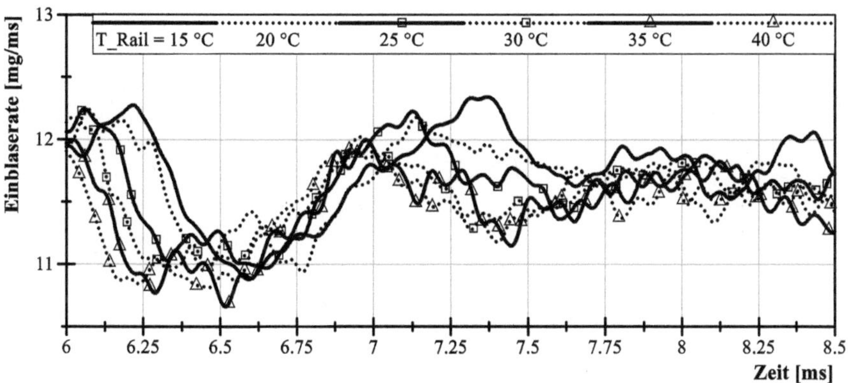

Abbildung 4.36: Detailbetrachtung stationäres Ausströmen für die Temperaturvariation zwischen den Temperaturstufen 15 °C und 40 °C

Der verbesserte Laboraufbau zur gasdynamischen Massendiagnostik lässt Variationen der Gastemperatur im Bereich von 15 °C bis 40 °C realisieren. Die Temperatur beeinflusst die Gaseinblasung über den thermodynamischen Zusammenhang der Dichte, weshalb entsprechende Korrekturen bei einem Übertrag außermotorischer Gasdiagnostik auf motorische Vorgänge zu berücksichtigen sind. Dabei herrschen im motorischen Betrieb weitaus höhere Temperaturen, welche den Stellenwert geeigneter Massenkorrekturen für den Motorbetrieb hervorheben. Darüber hinaus zeigt die Temperaturvariation eine Veränderung des dynamische Injektorverhaltens dahingehend, dass sich der Wärmeeintrag die im Injektor wirksamen Kräfte beeinflusst.

4.6   Einflussanalyse Einzylinder- und Vollmotoraufbau

Außermotorische Versuche und Analysen werden zumeist als reine Komponententests verstanden, weshalb Systemeffekte nicht abgedeckt werden und folglich die Ergebnisse nur eingeschränkt auf motorische Versuche übertragbar sind. Dies gilt auch für Einblasesysteme, für deren Analysen bisweilen kumulative Massenmesssysteme und optische Analyseverfahren eingesetzt werden. Im Rahmen dieses Kapitels werden Einflussfaktoren außermotorischer Massendiagnostik auf den Einblasevorgang analysiert und bewertet. Dieser Abschnitt setzt sich mit der Abbildung des gesamten Einblasesystems im Rahmen außermotorischer Gasdiagnostik auseinander, weshalb nach Abbildung 4.37 das bestehende variable Laborkonzept um einen Vollmotoraufbau erweitert wird. Darauf aufbauend werden Einzylinder- und Vollmotoruntersuchungen durchgeführt und in Bezug auf die Einblasevorgänge bewertet.

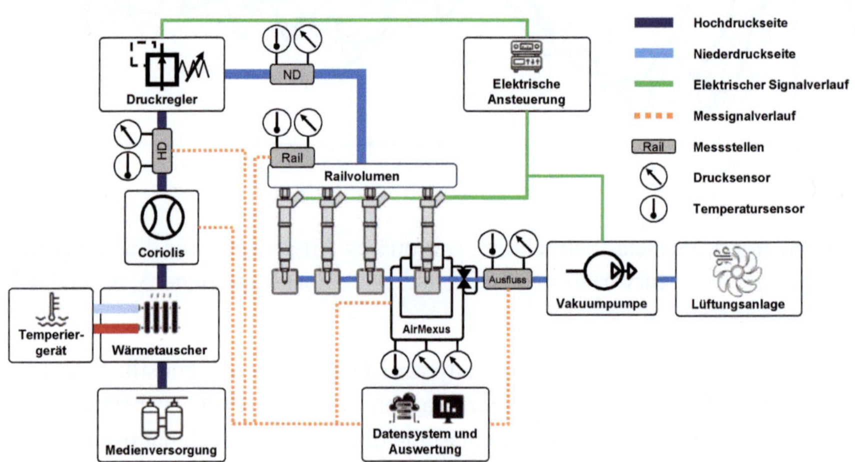

Abbildung 4.37: Versuchsaufbau für die gasdynamische Massendiagnostik erweitert um einen Vollmotoraufbau

Der bestehende Laboraufbau bietet durch das variable Konzept die Möglichkeit Labor- oder Fahrzeugkomponenten einzubinden. Im Fokus stehen dabei Druckregler, elektrische Ansteuerung sowie die Injektoren, die nach Einzylinder- oder Vollmotoraufbau unterschieden werden. In den häufigsten Fällen werden außermotorische Analysen auf Basis von Einzylinderaufbauten realisiert, bei denen allein der zu untersuchende Gas-Injektor in das Messsystem eingebunden ist. Dem gegenüber steht das Konzept eines Vollmotorenaufbaus, bei dem neben dem Analyseobjekt auch die verbleibenden Injektoren analog zu motorischen Versuchen betrieben werden. Hierfür sind im Laboraufbau entsprechende Adaptionen vorzunehmen, die auf dem variablen Laboraufbau aufsetzen und nach Abbildung 4.38 technisch umgesetzt werden.

Die Abbildung zeigt die Vario-Rail aus Kapitel 4.3 als Basis für die flexible Einbindung verschiedener Gas-Injektoren. Der Vierzylinder Vollmotoraufbau ermöglicht die Bewertung von Saugrohr- und direkteinblasenden Gas-Injektoren, wobei sich die Zylinderpositionen für die Einbindung in das Shot-to-Shot Massenmesssystem AirMexus frei wählen lassen.

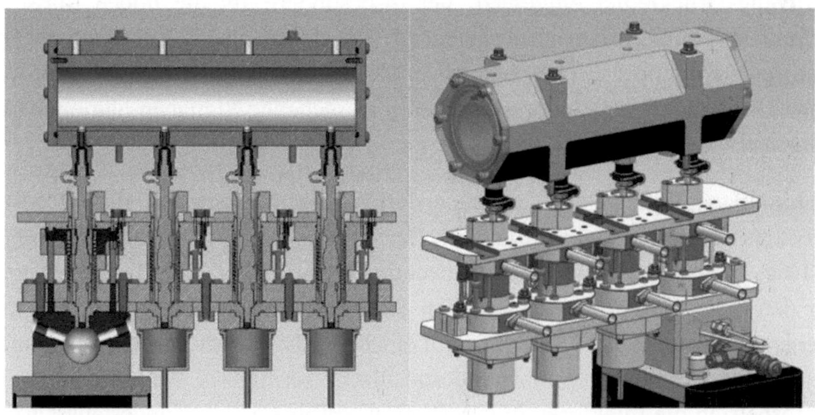

Abbildung 4.38: Konstruktionszeichnung des Vollmotoraufbaus auf Basis der Vario-Rail

Die Zeichnung stellt einige konstruktive Maßnahmen dar, um die Erkenntnisse aus der Einflussanalyse in Bezug auf Messkammerdruck, Raildruck, Injektoransteuerung und Temperatur im Vollmotoraufbau zu berücksichtigen. Während die Einblasemasse des zu analysierenden Injektors in die Messkammer des AirMexus strömt, erfolgt die Gaseinblasung der drei restlichen Injektoren in Sammelzylinder, deren Gegendruck analog dem Messkammerdruck mittels Druckregler im Ausfluss regelbar ist (vgl. Kapitel 4.2). Ausgehend von den Sammelzylindern erfolgt das Ausströmen in Richtung der laborseitigen Lüftungsanlage. Die abgebildete Vario-Rail lässt sich durch Fahrzeug-Gasrails ersetzen, so dass die Erkenntnisse in Bezug auf die Raildruckeinflüsse aus Kapitel 4.3 in das Konzept zum Vollmotorenaufbau eingeflossen sind. In Bezug auf die Injektoransteuerung lassen sich die Laborendstufe MIV2 oder ein Fahrzeugsteuergerät einbinden (vgl. Kapitel 4.4). In Kapitel 4.5 konnten neben dem Einfluss der Temperatur auf die Dichte des Strömungsmediums auch Einflüsse auf die dynamischen Öffnungs- und Schließvorgänge aufgezeigt werden, wie sie auch RENSING bei der Analyse von Benzin- und Dieseleinspritzungen beobachtet hat. [36] Vor diesem Hintergrund können die Injektoren über spezielle Injektoradapter konditioniert werden.

Der Fokus richtet sich auf die Gegenüberstellung einer gasdynamischen Einblaseratenmessung im Einzylinder- bzw. Vollmotorsystem. Hierfür wird ein Fahrzeug-Druckregler eingesetzt, der insbesondere für die hohen Massenströme im Vollmotorbetrieb ausgelegt ist. Die elektrische Ansteuerung der Injektoren erfolgt über ein fahrzeugnahes Motorsteuergerät, wobei die erforderlichen Eingangssignale laborseitig über entsprechende Signalsimulationen bereitgestellt werden.

Abbildung 4.39 zeigt die Gegenüberstellung der Messsignale für Einzylinder- und Vollmotorsystem für drei Betriebspunkte in den Raildruckstufen 5,0 bar, 6,0 bar und 7,0 bar. Der Gegendruck wird auf 1,2 bar festgelegt und für den Vollmotoraufbau auch in den Sammelzylindern eingeregelt. Für die Versuchsreih wird die Vario-Rail mit einem Railvolumen von 0,2 l herangezogen und der Injektor A an Zylinderposition 1 vermessen. Während im Vollmotorbetrieb die Injektoren in der Zündreihenfolge 1-3-4-2 angesteuert werden, erfolgt im Einzylinderaufbau allein die Ansteuerung von Injektor 1.

Für das Vollmotorsystem wird erwartet, dass sich durch Druckschwingungen in der Rail Rückkopplungen auf die nachfolgende Einblasung ergeben. Aus diesem Grund wird für den Versuchsaufbau des Vollmotorsystems bei einem Raildruck von 7,0 bar eine Injektoransteuerdauer von 11 ms gewählt, aus der sich nach Tabelle 4.11 mit einem Öffnungsverzug von 4158 µs und einem Schließverzug von 1483 µs eine Einblasedauer von 8325 µs ergibt.

Die weiteren Betriebspunkte sind so gewählt, dass die Einblasedauer von 8325 µs konstant gehalten wird, um eine Vergleichbarkeit der Einblaseraten zu gewährleisten. Die Ergebnisse aus Abbildung 4.39 zeigen die aus den

vorherigen Einflussanalysen bekannten Charakteristika, wobei sich insbesondere für den Vollmotorkonfiguration sehr große Herausforderungen in der
Raildruckregelung ergeben.

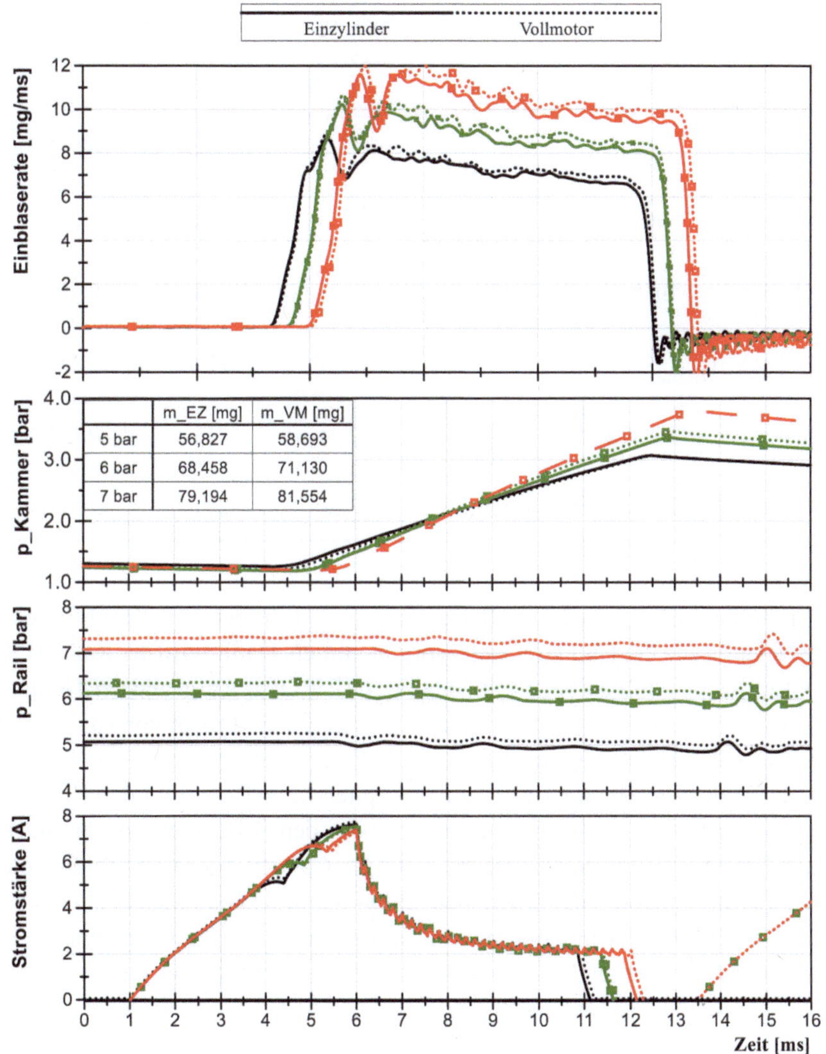

	m_EZ [mg]	m_VM [mg]
5 bar	56,827	58,693
6 bar	68,458	71,130
7 bar	79,194	81,554

Abbildung 4.39: Aufbauvariation Einzylinder- und Vollmotorsystem für Injektor A

Tabelle 4.11: Öffnungs- und Schließkenngrößen des Injektors A für den durchgeführten Vergleich Einzylinder (EZ) gegen Vollmotor (VM)

Versuchs-aufbau	Ansteuer-dauer	Öffnungs-verzug	Schließ-verzug	Einblase-dauer	Einblase-masse
5,0 bar EZ	9840 µs	3201 µs	1692 µs	8331 µs	56,827 mg
5,0 bar VM	9900 µs	3232 µs	1661 µs	8329 µs	58,693 mg
6,0 bar EZ	10350 µs	3614 µs	1589 µs	8325 µs	68,458 mg
6,0 bar VM	10400 µs	3646 µs	1573 µs	8327 µs	71,130 mg
7,0 bar EZ	10850 µs	4063 µs	1537 µs	8324 µs	79,194 mg
7,0 bar VM	11000 µs	4158 µs	1483 µs	8325 µs	81,554 mg

Um mögliche Einflüsse der Aufbauvarianten zu isolieren, wird nachfolgend eine Normierung der Einblasemasse vorgenommen. Dafür wird der Raildruck, unmittelbar vor Einblasebeginn in Tabelle 4.12 erfasst. Aufgrund der Herausforderungen in der Druckregelung kommt es zu einem Offset von ca. 0,2 bar zwischen den beiden Aufbauvarianten. Die Ratenverläufe für die drei Druckniveaus zeigen dieselben Effekte, die in Kapitel 4.2 in Bezug auf den Einfluss des Raildrucks identifiziert wurden. Neben den Effekten auf das Öffnungs- und Schließverhalten erhöht sich der Gasmassenstrom während der Phase des stationären Ausströmens auf Basis der druckbedingten Dichteänderung. Die normierte Einblasemasse nach Tabelle 4.12 ergibt sich durch die Division der ermittelten Einblasemasse durch die Einblasdauer und den Raildruck unmittelbar vor Einblasebeginn. Hieraus folgen für alle Varianten Werte von $1{,}34 \frac{mg}{s \cdot bar}$.

Tabelle 4.12: Mengenkorrektur $m_{normiert}$ auf Basis des Raildrucks vor Einblasebeginn

Versuchsaufbau	Einblasemasse	Einblasedauer	Raildruck	Normierte Masse
5,0 bar EZ	56,827 mg	8332 µs	5,08 bar	$1{,}343\ \frac{mg}{s \cdot bar}$
5,0 bar VM	58,693 mg	8334 µs	5,25 bar	$1{,}341\ \frac{mg}{s \cdot bar}$
6,0 bar EZ	68,458 mg	8326 µs	6,11 bar	$1{,}346\ \frac{mg}{s \cdot bar}$
6,0 bar VM	71,130 mg	8328 µs	6,35 bar	$1{,}345\ \frac{mg}{s \cdot bar}$
7,0 bar EZ	79,194 mg	8325 µs	7,10 bar	$1{,}340\ \frac{mg}{s \cdot bar}$
7,0 bar VM	81,554 mg	8326 µs	7,31 bar	$1{,}340\ \frac{mg}{s \cdot bar}$

In diesem Kapitel wurde eine grundlegende Einflussanalyse durchgeführt, um Faktoren zu identifizieren, die sich auf die gasdynamische Massendiagnostik auswirken. Im Rahmen der Einflussanalyse zeigt sich die Bedeutung der gasdynamischen Massendiagnostik, die im Gegensatz zu kumulativen Messverfahren zusätzliche Informationen zum dynamischen Verhalten von CNG-Injektoren bietet. Dies ist von entscheidender Bedeutung, wenn CNG-Einblasesysteme konsequent weiterentwickelt werden sollen und im CNG-Verbrennungsmotor sehr viel höheren Dynamikanforderungen unterliegen. Die Bedeutung der Dynamikanforderungen ist Bestandteil aktueller Entwicklungen, die wie bei HUNG und LIM aber zumeist auf Modellen basiert und sinnhaft durch die verbesserten Gasdiagnostik unterstützt werden kann. [37] Wenngleich die Einflussanalyse Saugrohrinjektoren ins Zentrum der Bewertung rückt, sind identische Effekte auf direkteinblasende Injektoren zu übertragen. Die detaillierte Analyse der verschiedenen Einflussfaktoren rückt Effekte in den Fokus, die grundlegend beschrieben und anhand physikalischer sowie thermodynamischer Ansätze umschrieben sind. Die gewonnen Erkenntnisse sind in die kontinuierliche Verbesserung der Gasdiagnostik eingeflossen, so dass im letzten Schritt ein variables Laborkonzept zur Verfügung steht, dass den Anspruch formuliert außermotorische Untersuchungen auf motorische Analysen zu übertragen, was in Kapitel 6 näher beleuchtet wird.

5 Verbesserte optische Strahldiagnostik

Die kalte Kammer ist eine optisch zugängliche Druckkammer zur optischen Strahlanalyse mittels Hochgeschwindigkeitskameras. Sie ist ausschließlich zur Analyse des Einblasestrahls konzipiert und vernachlässigt motorische Randbedingungen wie Ladungswechsel und Kolbenbewegung. Insbesondere eignet sich die kalte Kammer zur Analyse der Systemkomponente Injektor. Durch seitliche Sichtfenster kann das eingeblasene Testmedium mittels Durchlicht Schlieren-Verfahren nach Kapitel 3.4.2 visualisiert und durch Hochgeschwindigkeitskameras erfasst werden. Die zentralen Herausforderungen liegen in der Aufbereitung der entstandenen Schlieren-Bilder, der Generierung geometrischer Kenngrößen und deren Einbindung in die Toolkette der CNG-Motorenentwicklung. In diesem Kapitel wird der Versuchsaufbau vorgestellt sowie die einflussnehmenden Versuchsparameter beschrieben. Die erzeugten Schlieren-Bilder werden mittels verbesserter Bildanalyen und entwickelter Kenngrößen numerisch bewertbar. Abschließend werden Stickstoff, Helium und Methan als Testmedium variiert, um ihre optische Vergleichbarkeit im Rahmen der Strahldiagnostik zu bewerten. Dabei ist es das Ziel, den Übertrag außermotorischer Strahldiagnostik auf motorische Untersuchungen zu verbessern.

5.1 Versuchsaufbau Kalte Kammer

In diesem Abschnitt wird der Versuchsaufbau zur optischen Strahldiagnostik vorgestellt, der auf dem variablen Laborkonzept aus Kapitel 3.4 aufbaut und in Abbildung 5.1 dargestellt ist.

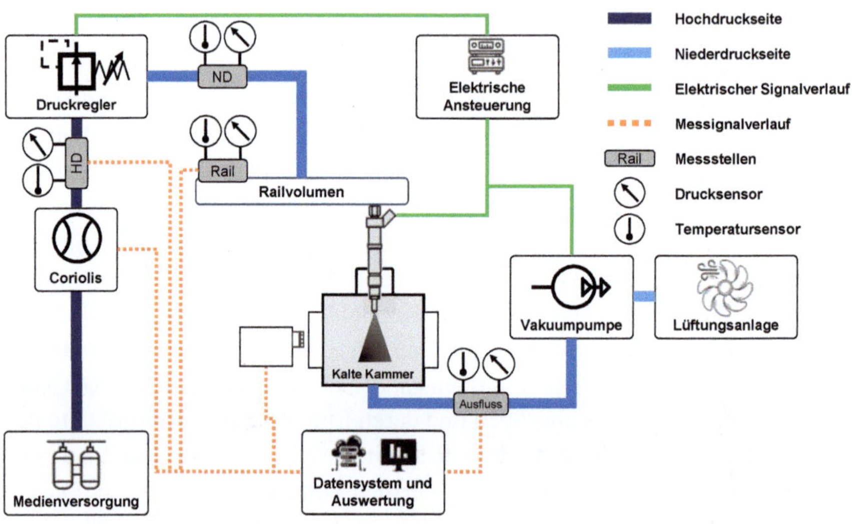

Abbildung 5.1: Versuchsaufbau zur optischen Strahlanalyse von CNG-Injektoren

Im Zentrum des Versuchsaufbaus steht die Kalte Kammer (vgl. Kapitel 3.4.2) zur optischen Strahldiagnostik. In Abbildung 5.2 sind für den Injektor A zwei Stickstoff Gaseinblasungen nach Tabelle 5.1 mit einem Raildruck von 5,7 bar, einem Messkammerdruck von 1,7 bar und einer Ansteuerdauer von 6722 µs gegenübergestellt.

Tabelle 5.1:   Referenzpunkt Injektor A für optische Strahldiagnostik

Raildruck [bar]	Gegendruck [bar]	Ansteuerdauer [µs]	Testmedium
5,7	1,7	6722	Stickstoff

Dabei wird der gasdynamischen Messung mittels AirMexus eine Messung in der Kalten Kammer zur optischen Sprayanalyse gegenübergestellt.

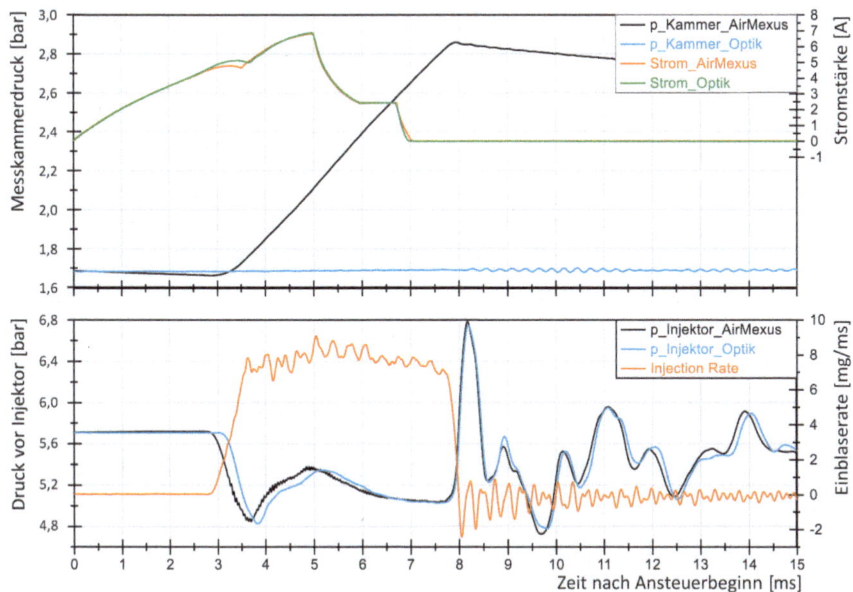

Abbildung 5.2: Gegenüberstellung der Versuchsparameter im variablen Laborkonzept für Gasdynamische und optische Analysen

Messprinzip bedingt kommt es im AirMexus zum erkennbaren Druckanstieg, der auf das beschränkte Messkammervolumen der Messkammer A von 33 cm³ zurückzuführen ist. Dem gegenüber steht der unwesentliche Druckanstieg in der Kalten Kammer, die über ein Volumen von 6000 cm³ verfügt. Während sich der Messkammergegendruck durch das eingeblasene Medium und den regelbaren Ausfluss einstellt, wird in der Kalten Kammer Stickstoff kontinuierlich mittels Zu- und Abflusses eingeströmt. Der kontinuierliche Stickstoff Gasstrom dient als Spühlstrom, um das eingeblasene Medium abzuführen. Gleichzeitig lassen sich somit Drücke in der Kalten Kammer von 0,01 bis 33 bar realisieren und einregeln. Beim Vergleich der Druckverläufe vor Injektor zeigen sich wesentliche Übereinstimmungen, die auf das einheitliche, variable Laborkonzept zurückzuführen sind. Der wesentliche Unterschied besteht im Öffnungszeitpunkt des Injektors, was sowohl anhand des Drucksignals vor Injektor wie auch am Stromverlauf ersichtlich wird. Dabei ist ein früherer Einblasebeginn in der AirMexus Messumgebung gegenüber der Kalten Kammer zu beobachten. Ursächlich für die Unterschiede beim Einblasebeginn ist der

Messbetrieb der Kalten Kammer. Im Gegensatz zum AirMexus werden nur einzelne Gaseinblasungen, bis zu 10 aufeinanderfolgende Events, in der Kalten Kammer untersucht, um die Qualität der Schlieren-Aufnahmen nicht durch Gasrückstände zu trüben. Der diskontinuierliche Betrieb des Injektors führt entgegen dem kontinuierlichen Betrieb während gasdynamischer Analysen zu einer geringeren Erwärmung des Injektors und damit zu einem späteren Einblasebeginn (vgl. Kapitel 4.5). Durch das variable Laborkonzept können folglich Randbedingungen zwischen den variablen Messsystemen konstant gehalten werden, wenngleich die in Kapitel 4 beleuchteten Sensitivitäten zu berücksichtigen sind und ihnen je nach Analysezweck begegnet werden muss.

5.2   Durchlicht Schlieren-Aufbau und verbesserte Bildanalyse

Die Qualität optischer Sprayanalysen mittels Hochgeschwindigkeitskameras hängt in erster Linie von der Qualität der zugrundeliegenden Aufnahmen ab. Im Rahmen dieser Arbeit findet das Durchlicht Schlieren-Messverfahren Anwendung (vgl. Kapitel 3.4.2), welches eine Methode ist, um Dichtegradienten in transparenten Medien sichtbar zu machen. Während sich Licht in homogenen Medien gleichförmig bewegt, kommt es in inhomogenen Strömungen aufgrund von Dichtegradienten zur Beugung der Lichtstrahlen. Die Dichtegradienten werden mit einer Hochgeschwindigkeitskamera aufgezeichnet, wobei 20.000 Bilder pro Sekunde mit einer Farbtiefe von 8 Bit erfasst werden können.

Die Qualität der Schlieren-Aufnahmen wird durch die folgenden Aspekte beeinflusst. Die Helligkeit der Schlieren-Aufnahmen wird zunächst über die Belichtungszeit der Hochgeschwindigkeitskamera bestimmt. Je kürzer die Belichtungszeit gewählt wird, desto weniger Licht trifft auf den Chip der Hochgeschwindigkeitskamera. Zu kurz gewählte Belichtungszeiten resultieren in Schlieren-Aufnahmen mit wenig Helligkeit, was zu Qualitätsverlusten für die nachfolgende Bildanalyse führt. Zu lange Belichtungszeiten führen hingegen zu Bewegungsunschärfen. In der Bildverarbeitung bezieht sich Schärfe darauf, wie klar und deutlich die Kanten und Details in einem Bild wiedergegeben werden. Ein scharfes Bild zeigt klare Konturen und feine Details, während ein unscharfes Bild verschwommen oder verwischt wirkt. Für hochdynamische Einblasevorgänge strömt Gas während der Belichtung mit hoher Geschwindigkeit aus und verändert seine Position maßgeblich. Das Resultat sind unscharfe Strahlgrenzen, wodurch die Ermittlung optischer Kenngrößen erschwert wird.

Zuletzt beeinflusst die Schlieren-Blende die Sensitivität des Schlieren-Aufbaus. Enge Stellungen der Blende erhöhen die Sensitivität des Laboraufbaus, indem Lichtstrahlen mit großer Lichtbeugung gefiltert werden und nur Strahlen mit geringer Lichtbeugung auf die Kamera treffen. Folglich werden geringe Dichtegradienten sichtbar, wenngleich sich die Lichtausbeute reduziert. Die Helligkeit lässt sich jedoch nicht beliebig erhöhen, da auf dem Markt erhältliche Hochleistungs-Lichtquellen bereits eingesetzt werden.

Die optische Analyse von Saugrohr- und direkteinblasenden Gasinjektoren bringt spezielle Herausforderungen mit sich, da es im Gegensatz zu Diesel- oder Benzin-Injektoren nur Dichtegradienten zu visualisieren gibt, die durch das einströmende Gas hervorgerufen werden. Aufgrund niedriger Einblasedrücke für Saugrohrinjektoren ergeben sich in diesem Anwendungsfall die geringsten Dichtegradienten. Um eine robuste Auslegung des Durchlicht Schlieren-Aufbaus und gleichzeitig für die Bildanalyse zu erreichen, werden die nachfolgenden Grundsatzuntersuchungen auf Basis von Injektor A (vgl. Kapitel 3.1.1) und dem Referenzpunkt aus Tabelle 5.1 durchgeführt. Die Qualität der Schlieren-Aufnahmen wird von Belichtungszeit und Schlieren-Blendeneinstellung beeinflusst, weshalb die Herausforderung besteht, eine optimale Konfiguration zu finden.

Tabelle 5.2:   Variation Schlieren-Blendenkonfiguration und Belichtungszeit

Schlieren-Blende	Belichtungszeit [s]	Bildrate [fps]
eng	1/30.000	20.000
weit	1/54.000	20.000

Nachfolgend wird die Schlieren-Blendenkonfiguration zusammen mit der bedingten Belichtungszeit in zwei Abstufungen nach Tabelle 5.2 variiert und in Abbildung 5.3 dargestellt.

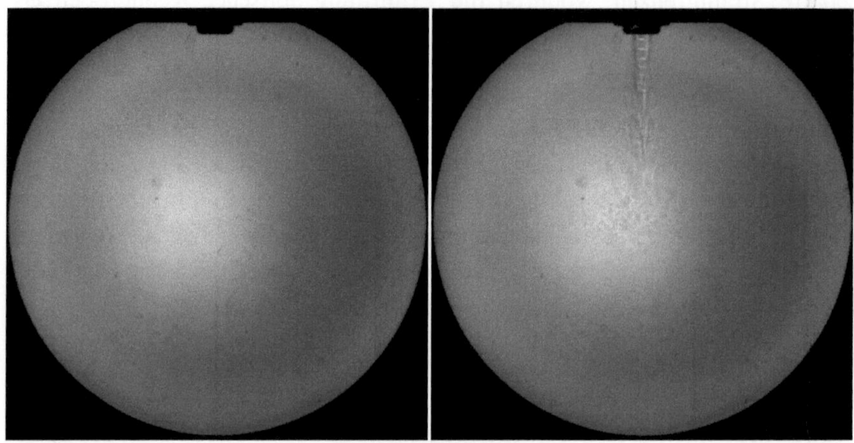

Abbildung 5.3: Variation Schlieren-Blendenkonfiguration und Belichtungszeit eng (links) und weit (rechts)

Weist die Schlieren-Blende nur einen schmalen Spalt auf, erfordert dies eine längere Belichtungszeit, um eine ausreichende Belichtung zu gewährleisten. Diese längere Belichtungszeit von 1/30.000 s führt zu Bewegungsunschärfe, die das Bild verschwommen erscheinen lässt, wie in Abbildung 5.3 links dargestellt. Bei der weit geöffneten Blendenkonfiguration mit einer kurzen Belichtungszeit von 1/54.000 s sind hingegen keine Bewegungsunschärfen feststellbar, trotz immer noch hoher Detailtreue. Infolgedessen wird die Blendenkonfiguration „weit" mit der Belichtungszeit 1/54.000 s für die nachfolgenden Analysen eingesetzt.

Eine Stickstoff in Stickstoff Einblasung stellt besonders hohe Anforderungen an den Schlieren-Aufbau, da die Lichtbeugung in der Messkammer allein aus strömungsbedingten Dichtegradienten resultiert. Angesichts dieser Tatsache rückt die Schlieren-Bildaufbereitung stärker in den Fokus. Die Beugung des Lichtstrahlengangs führt in Verbindung mit der Schlieren-Blende zu einer Absenkung der Lichtintensität im Bildpunkt des Schlieren-Bilds. Fallen jedoch aufgrund der Ablenkung zwei Strahlen zusammen, so kommt es zu einer

Verstärkung der Lichtintensität. Basierend auf diesen Überlegungen wird bereits bei der Aufzeichnung des Rohbildes die mittlere Lichtintensität des Hintergrundes auf 50 % Helligkeit kalibriert, was in experimentellen Untersuchungen zu einer deutlichen Steigerung der Schlieren-Sensitivität geführt hat. Abbildung 5.4 zeigt entsprechende Schlieren-Aufnahmen, die im nachgelagerten Bildbearbeitungsprozess durch Bilddivision normiert werden.

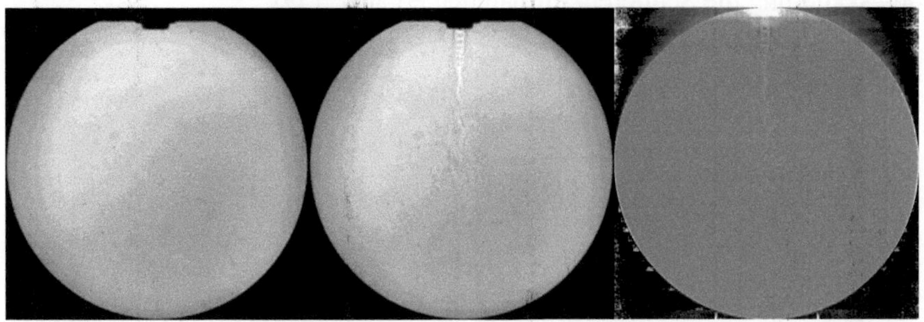

Abbildung 5.4: Schlieren-Aufnahme eines Einblasevorgangs zum Zeitpunkt t=0 ms (links), t=4,5 ms (Mitte) und nach Bilddivision (rechts)

Das Ziel der Bildnormierung ist es, die Lichtverläufe, die aufgrund der Gesamtkonfiguration des Schlieren-Aufbaus entstehen, durch Normierung zu reduzieren und einen gleichmäßigen Bildverlauf im Sichtbereich für die nachgelagerten Bildanalyseschritte zu erhalten. Dies erfolgt durch eine Bilddivision des zu bearbeitenden Bilds (t=4,5 ms) durch das Ausgangsbild (t=0 ms), in welchem keine Einblasung stattfindet. Auf Basis der 8 Bit Bildauflösung nehmen unveränderte Bildpunkte nach der Division den Wert 1 an, der anschließend auf 127 skaliert und somit wieder auf eine Helligkeit von 50 % kalibriert wird.

Für die weitere Bildaufbereitung und zur Ableitung von Kenngrößen werden Binärbilder benötigt, die in einem weiteren Schritt der Bildaufbereitung generiert werden. Hierfür wird das Bildspektrum als Gaußverteilung angenommen und jeder Bildpunkt mit den umliegenden Pixeln gewichtet. Dabei nimmt die Gewichtung proportional zur Entfernung der Pixel gemäß der Gaußverteilung ab. Dies führt zu einer Glättung und reduziert hochfrequentes Rauschen, während gleichzeitig wichtige Bildstrukturen wie Kanten und Konturen überwiegend erhalten bleiben. Gaußfilter entsprechen in der Bildaufbereitung von

Gas-Schlieren-Aufnahmen dem Stand der Technik und helfen dabei unstetes Rauschen, um den Neutralwert von 50 % Helligkeit zu filtern. [38] In Abbildung 5.4 ist der Bildaufbereitungsprozess am Beispiel einer Methangas Einblasung für den Betriebspunkt nach Tabelle 5.1 veranschaulicht. Ausgehend von den Rohbildern bietet das normierte Schlieren-Bild die Basis für das Binärbild, die um eine Bildmaske mit den Einblaseparametern und entsprechender Skalierung die Schlieren-Aufnahmen ergänzt. [39]

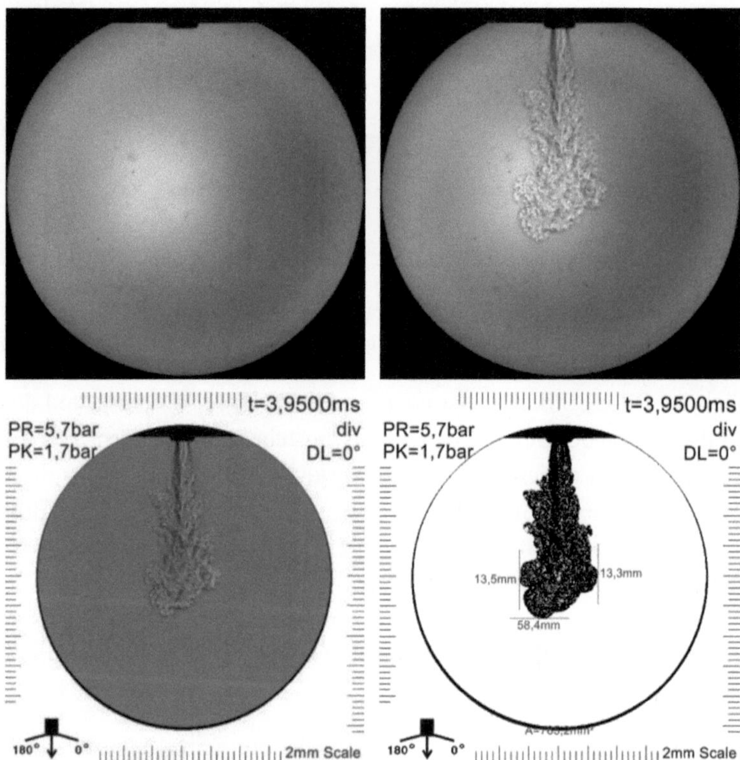

Abbildung 5.5: Bildaufbereitung anhand der Rohbilder (oben), dem normierten Schlieren-Bild (t=3,95 ms) (unten links) und dem Binärbild (unten rechts)

Mit der Erstellung von Binärbildern ist die Gaseinblasung in eine Darstellung übergeführt worden, die der von flüssigen Einspritzbildern entspricht. Damit können nun die etablierten Auswertealgorithmen für die Ermittlung von

Größen wie z.B. Eindringtiefe verwendet werden. Hierfür werden nach Kapitel 3.4.4 der Strahlursprung, die Eindringtiefe sowie die Strahlbreite links und rechts automatisiert ermittelt. Die Berechnung des Öffnungswinkels basiert auf den Strahlgrenzen im düsennahen Bereich sowie dem Strahlursprung, der in der nach innen öffnenden Düse des Injektors A nicht mit der Injektormündung gleichzusetzen ist, sondern im Inneren des Injektors liegt. Zusätzlich bestimmt der Auswertealgorithmus die Fläche des Gasstrahls anhand der im Binärbild schwarz erkennbaren Bildpunkte.

Die Hochgeschwindigkeitskamera erfasst die Gaseinblasung mit bis zu 20.000 fps, wonach während einer einzigen Gaseinblasung von 5 ms 100 Schlieren-Aufnahmen entstehen. Die Aufnahme wird durch den elektrischen Trigger der Injektoransteuerung gestartet. Zusätzlich werden die zentralen Messsignale Raildruck, Messkammerdruck, Temperatur sowie die elektrische Ansteuerung hochaufgelöst erfasst. Für die Bewältigung der erheblichen Datenmengen wird die zuvor beschriebene Auswertemethodik automatisiert durchgeführt.

5.3 Medienvariation

Die in Kapitel 5.2 durchgeführten Optimierungen im Schlieren-Aufbau sowie die automatisierte Schlieren-Bild-Auswertemethodik bieten die Grundlage für die optische Strahldiagnostik von CNG-Injektoren. Jedoch spielen die Dichtegradienten in der Messkammer die entscheidende Rolle für die Kontraste, die sich mittels Durchlicht Schlieren-Verfahren erfassen lassen. Die strömungsbedingten Dichtegradient lassen sich durch die Wahl optisch kompatibler Medienpaarungen verstärken. Während die technischen Voraussetzungen Stickstoff als Umgebungsmedium innerhalb der Kalten Kammer festlegen, bietet das variable Laborkonzept die Möglichkeit das Einblasemedium zu variieren. Dabei bietet insbesondere Helium als nicht brennbares Gas mit der geringsten Dichte entsprechende Potentiale. In diesem Abschnitt wird eine grundlegende Medienvariation für die Betriebspunkte nach Tabelle 5.3 durchgeführt. Hierfür werden nachfolgend die optischen Kenngrößen für Stickstoff N_2, Helium He und Methan CH_4, das den dominanten Bestandteil von Erdgas ausmacht und daher als Referenzmedium gewählt wird, dargestellt. Für die durchgeführte Medienvariation steht Injektor A im Fokus der Untersuchungen, da wie bereits zuvor diskutiert, Saugrohrinjektoren weitaus sensitiver auf außermotorische Randbedingungen reagieren als direkteinblasende Injektoren.

Tabelle 5.3:	Betriebspunkte Injektor A für die optische Strahldiagnostik

Betriebspunkt	Raildruck [bar]	Gegendruck [bar]	Ansteuerdauer [µs]
BP1	5,51	1,20	5940
BP2	5,55	1,05	6100
BP3	6,59	2,60	8980

Dabei bilden die gewählten Betriebspunkte den relevanten Bereich der Saugrohreinblasung für CNG-Motoren ab. Die Kalte Kammer für die optische Strahlanalyse begrenzt den kreisförmigen Beobachtungsbereich der Gaseinblasung auf 95 mm. Nachfolgend sind in Abbildung 5.6 die normierten Schlieren-Aufnahmen für die Medienvariation beim Betriebspunkt 2 im Zeitbereich von 3,5 bis 5,0 ms in Zeitschritten von 0,5 ms dargestellt.

Die Gegenüberstellung der Schlieren-Aufnahmen zeigt das erwartete Verhalten. Durch die Medienpaarung Helium in Stickstoff werden die strömungsbedingten Dichtegradienten durch die der Massenunterschiede verstärkt und es entstehen sehr kontrastreiche Aufnahmen. Die gleiche Beobachtung kann in leicht abgeschwächter Form für die Medienpaarung Methan in Stickstoff in der rechten Spalte gemacht werden. Die Methan-Einblasung zeigt in den normierten Schlieren-Aufnahmen klar zur Umgebung abgegrenzte Gasstrukturen und gleichzeitig detailreiche Strömungsphänomene wie die Nachexpansion im düsennahen Bereich oder ausgeprägte Wirbelausbildungen im Strahlgrenzbereich. Abbildung 5.6 und 5.7 zeigen nachfolgend die auf Basis der normierten Schlieren-Aufnahmen ermittelten Kennzahlen.

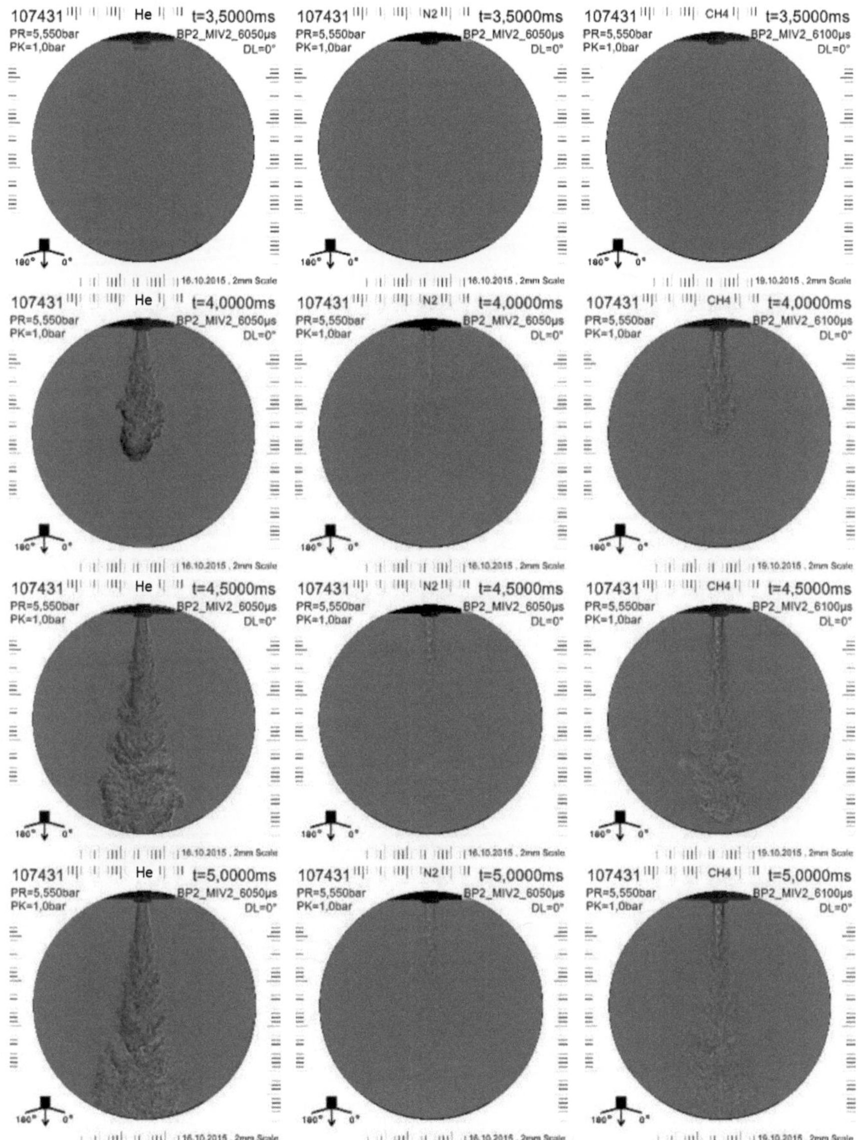

Abbildung 5.6: Normierte Schlieren-Aufnahmen für die Medienvariation mit Helium (links), Stickstoff (Mitte) und Methan (rechts) für den BP2

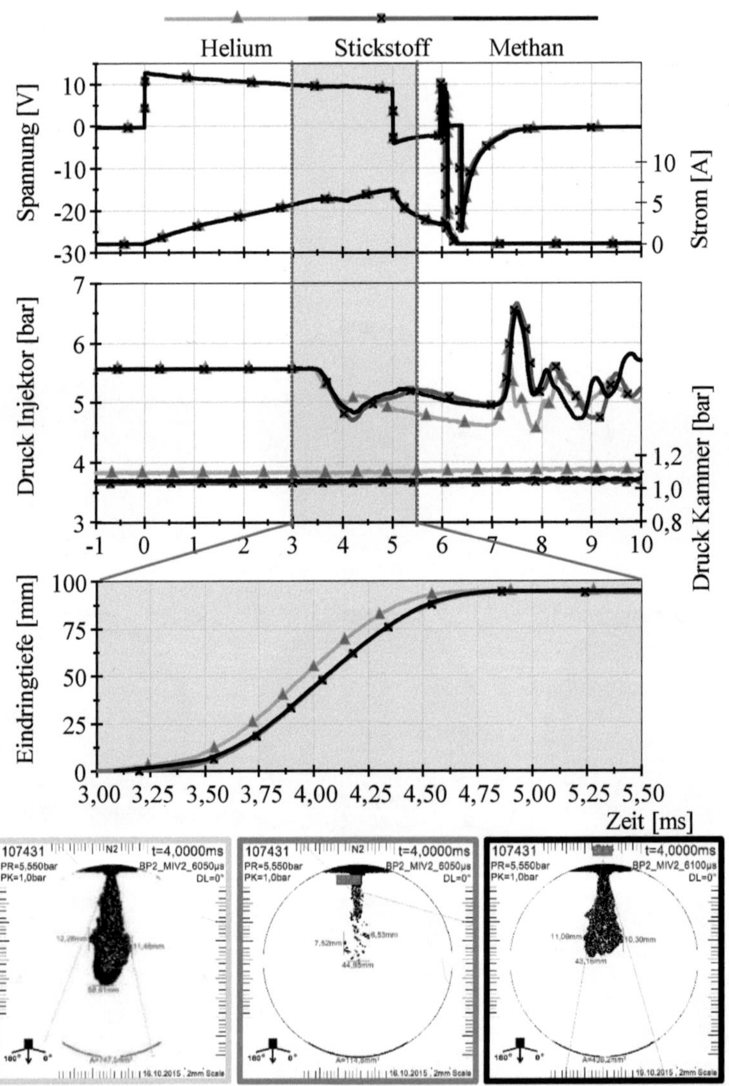

Abbildung 5.7: Einblaserandbedingungen und Eindringtiefe für Medienvariation Helium, Stickstoff und Methan im Betriebspunkt 2

Im ersten Schritt zeigen die Einblaserandbedingungen der elektrischen Ansteuerung, der Injektor- und Messkammerdruckverläufe die hohe

Vergleichbarkeit der einzelnen Einblasevorgänge, die durch die hohe Qualität des Lauboraufbaus zu jeder Zeit sichergestellt werden können. Dabei sind die Messsignal zeitlich mit der Schallgeschwindigkeit des jeweiligen Mediums korrigiert.

Mit dem optisch sichtbaren Injektoröffnen zum Zeitpunkt $t = 3{,}5 \, ms$ tritt der Gasstrahl in die Kalte Kammer ein, breitet sich mit dem zeitlichen Verlauf aus, bis der Strahl bereits zum Zeitpunkt $t = 4{,}75 \, ms$ den Beobachtungsbereich verlässt. Der Gasstrahl von Injektor A gestaltet sich kegelförmig und kann demnach in y-Richtung bis zum Einblaseende beobachtet werden, ohne den Beobachtungsraum zu verlassen.

Für Gase besteht ein linearer Zusammenhang zwischen dem Brechungsindex sowie der Dichte des Strömungsmediums. Die optische Wirksamkeit verschiedener Strömungsmedien in Bezug auf die Durchlicht Schlieren-Aufnahmen wird in Abbildung 5.7 gut ersichtlich. Ausgehend von der Medienpaarung Stickstoff in Stickstoff zeigt das Binärbild exemplarisch die großen Herausforderungen des Durchlicht Schlieren-Verfahrens sowie der Bildanalyse. Für die Medienpaarung Stickstoff in Stickstoff gehen viele Informationen aufgrund der geringen Dichtegradienten verloren, was auch im dargestellten Binärbild ersichtlich wird. Dem gegenüber stehen die Medienpaarung Helium in Stickstoff und Methan in Stickstoff die in den Binärbildern deutlich klarere Strahlgrenzen aufzeigen und damit eine stabile Basis für die nachgelagerte Kenngrößenermittlung bieten.

Über den zeitlichen Verlauf der Gaseinblasung zeigen sich im Rahmen der Medienvariation deutliche Unterschiede für die einzelnen Strahlkenngrößen. In Kalten Kammer bleiben die überkritischen Ausströmbedingungen für alle drei Betriebspunkte, da es aufgrund des großen Messkammervolumens zu nahezu keinem Druckanstieg kommt. Gemäß den strömungstechnischen Grundlagen aus Kapitel 2 strömt das Gas demnach mit Schallgeschwindigkeit in die Messkammer und wird dort durch die Stickstoffumgebung abgebremst. Nach Gleichung 2.23 lässt sich die Schallgeschwindigkeit für die Medienvariation nach Tabelle 5.4 berechnen. Beispielhaft ist eine Temperatur von 23 °C für die Berechnung angenommen.

Tabelle 5.4:   Schallgeschwindigkeit und Stoffgrößen für Stickstoff, Methan und Helium [40]

	Stickstoff	Methan	Helium
Isentropenexponent κ	1,4	1,3	1,67
Universelle Gaskonstante $\frac{J}{mol \cdot K}$	8314	8314	8314
Molare Masse des Gases $M_\mathrm{G}\ \frac{kg}{mol}$	0,028	0,016	0,004
Schallgeschwindigkeit $c_{23\,°C}\ \frac{m}{s}$	1281 μs	5006 μs	46,182 mg

Für die optische Strahlkenngröße der Eindringtiefe zeigt sich unter Einbeziehung der Schallgeschwindigkeit nach Tabelle 5.4, dass sich Helium für den Betriebspunkt 2 in Abbildung 5.8 mit einer höheren Geschwindigkeit in x-Richtung ausbreitet, wogegen Stickstoff und Methan ein übereinstimmendes Einströmverhalten zeigen. Der Vergleich mit den Betriebspunkten 1 und 3 (vgl. Anhang) zeigt, dass der Eindringverlauf direkt mit dem Messkammerdruck in Beziehung steht und sich für den höheren Gegendruck im BP 3 eine langsamere Strahlausbreitung in x-Richtung ergibt. Der erhöhte Raildruck in BP 3 kann dem nicht entgegenwirken, da ohne Laval-Düsengeometrie keine Gasströmung oberhalb der Schallgeschwindigkeit erreicht wird. Mit zunehmendem Messkammergegendruck werden auch die Geschwindigkeitsdifferenzen zwischen Stickstoff und Methan ersichtlich.

Die Strahlbreite als weitere Kenngröße zeigt die optische Wirksamkeit der Medienvariation, indem die geringeren Dichtegradienten in den Grenzbereichen des Gasstrahls, insbesondere für die Medienpaarung Helium in Stickstoff, in den Schlieren-Aufnahmen erfasst werden. Auch die Medienpaarung Methan in Stickstoff erzielt eine ausreichende Qualität, um den Gasstrahl und auftretende Randwirbel mit dem Durchlicht Schlieren-Verfahren aufzuzeichnen. Für die ausgewählten Betriebspunkte zeigen sich für Helium und Methan ähnliche zeitliche Verläufe, wohingegen die Medienpaarung Stickstoff in

Stickstoff keine ausreichende Aussagefähigkeit in Bezug auf die seitlichen Grenzbereiche des Gasstrahls bietet.

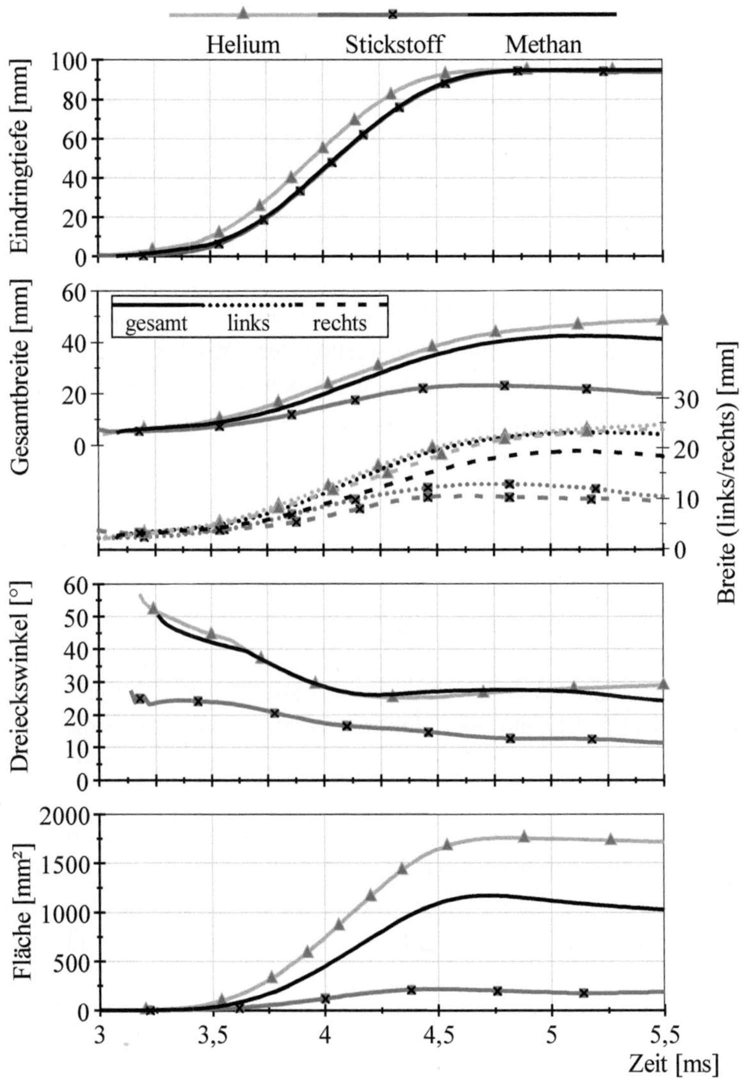

Abbildung 5.8: Strahlkenngrößen für die Medienvariation Helium, Stickstoff und Methan im Betriebspunkt 2

Die Berechnung des Öffnungswinkels basiert im Wesentlichen auf den Strahlgrenzen im düsennahen Bereich. Im düsennahen Bereich tritt die Gasströmung mit hoher Geschwindigkeit in die Kalte Kammer ein, weshalb in diesem Bereich große Dichtegradienten auftreten, die eine zuverlässige Ermittlung des Dreieckwinkels ermöglichen. Dies ist mit Ausnahme weniger Einzelbilder auch für Stickstoff sichergestellt, wenngleich deutliche Abweichungen zu den Strömungswinkeln mit Helium und Methan zu erkennen sind. Hohe Übereinstimmungen zeigen sich hingegen für alle drei Betriebspunkte mit Helium und Methan. Der Öffnungswinkel zeigt für den Injektor A mit I-Düse einen charakteristischen Verlauf, nachdem sich mit Einblasebeginn die Front des Gasstrahls ausbreitet, fällt der Öffnungswinkel während des stationären Ausströmens ab und steigt hin zum Einblaseende wieder leicht an. Auch wenn sich der Fokus dieser Arbeit auf die Verbesserung der optischen Strahldiagnostik richtet, ist anzumerken, dass der Öffnungswinkel insbesondere für direkteinblasende Injektoren von Interesse ist. Daher ist eine zuverlässige Kennzahlermittlung von großer Bedeutung.

Zusätzlich wird mit Hilfe des Auswertealgorithmus die Fläche des Gasstrahls anhand der im Binärbild schwarz erkennbaren Bildpunkte bestimmt. Die Strahlkenngröße der Gasstrahlfläche unterstützt die zuvor qualitativ durchgeführte Bewertung der optischen Wirksamkeit der verschiedenen Medienpaarungen. Während die gemessenen Raildruckverläufe sowie die vorgelagerten Einflussanalysen aus Kapitel 4 ähnliche Volumenströme für die Gaseinblasung mit Stickstoff, Methan oder Helium erwarten lassen, zeigt die Auswertung der Gasstrahlfläche, dass durch die Herausforderungen des Durchlicht Schlieren-Verfahrens bei der Medienpaarung Stickstoff in Stickstoff wesentliche Informationen verloren gehen. Im Unterschied dazu bietet Helium neben den strömungsbedingten Dichtegradienten auch solche, die aus den Stoffeigenschaften herrühren. Die ermittelte Gasstrahlfläche für Helium lässt erwarten, dass mittels Durchlicht Schlieren-Verfahren in der Medienpaarung Helium in Stickstoff der gesamte Gasstrahl erfasst wird. Obwohl das Binärbild in Abbildung 5.7 für die Medienpaarung Methan in Stickstoff im Strahlkern weiße Bildpunkte zeigt, sind die Grundstrukturen der Gasströmung detailreich erfasst.

Die durchgeführte Medienvariation unterstützt die theoretischen Überlegungen aus Kapitel 3.3 und stellt die Bedeutung der Medienpaarung für das

Durchlicht Schlieren-Verfahren heraus. Dabei stellt sich die Medienpaarung Stickstoff in Stickstoff aufgrund der großen Herausforderungen zur Visualisierung mittels Durchlicht Schlieren-Verfahren als nicht zielführend dar. Zwar ähnelt der zeitliche Verlauf der Eindringtiefe aufgrund der ähnlichen Schallgeschwindigkeiten dem Verhalten des Referenzmediums Methan, jedoch gehen aufgrund der geringen Dichtegradienten wesentliche Informationen im Grenzbereich des Gasstrahls verloren. Die Medienpaarung Helium in Stickstoff bietet für das Durchlicht Schlieren-Verfahren optimale Bedingungen und damit auch die Basis, ggf. Detailanalysen für spezielle Strömungsphänomene zu unterstützen. Die Ergebnisse der Medienvariation zeigen jedoch in Summe zu große strömungstechnische Unterschiede, um Helium als Versuchsmedium für die optische Strahlanalyse im Rahmen des CNG-Motorenentwicklungsprozess zu empfehlen. Die Studie von PALTRINIERI legt Helium dagegen als inertes Ersatzmedium für Einblasevorgänge mit Wasserstoff nahe. [41]

In Verbindung mit dem verbesserten, variablen Laborkonzept ergibt sich die Möglichkeit, Methan für die optische Strahldiagnostik einzusetzen. Die große Datengrundlage, die im Rahmen der Medienvariation geschaffen wurde (vgl. Anhang), belegt, dass sich die Medienpaarung Methan in Sticksoff sehr gut für die optische Strahlanalyse mittels Durchlicht Schlieren-Verfahren eignet. Methan ist der dominante Bestandteil von Erdgas, weshalb es sich ideal für den Übertrag außermotorischer Analysen auf motorische Vorgänge eignet.

In diesem Kapitel wurde für die optische Strahldiagnostik eine systematische Verbesserung des Schlieren-Aufbaus sowie der Bildanalysemethodik erreicht. Dabei zeigen die Ergebnisse die Sensitivitäten des Durchlicht Schlieren-Verfahrens für gasförmige Einblasevorgänge. Die Ergebnisse haben gezeigt, dass auf dieser Basis eine optische Analyse von Einblasevorgängen mit Methan als Versuchsmedium möglich und zielführend ist.

6 Verbesserter Gasdiagnostik im CNG-Motorenentwicklungsprozess

Die Verbesserung der Gasdiagnostik bildet die Grundlage, um außermotorische Analysen und deren Ergebnisse in den CNG-Motorenentwicklungsprozess einzubinden. Die vorliegende Arbeit bietet die Datengrundlage, um gasdynamische Massendiagnostikverfahren sowie optische Strahldiagnostik mit Simulationsmodellen und motorischen Versuchen in Beziehung zu setzen. Die systematischen und umfangreichen Einflussanalysen aus Kapitel 4 und Kapitel 5 bieten ein tiefergehendes Verständnis für die Sensitivitäten außermotorischer Analyseverfahren und demnach die Chance deren Ergebnisse zu interpretieren und in den CNG-Motorenentwicklungsprozess zu überführen.

In diesem Kapitel wird ein Ansatz entwickelt, um außermotorische Messergebnisse in Simulationsmodelle einzubinden und die entstandenen Modelle zu validieren. Das Simulationsmodell wird im Nachgang genutzt, um die messtechnischen Ansätze der verbesserten Gasdiagnostik zu validieren. Den Abschluss bildet der Abgleich außermotorischer Massendiagnostik mit motorischen Untersuchungen sowie die Entwicklung eines theoretischen Ansatzes für den Düsenverlustbeiwert als Bewertungskriterium für CNG-Einblasesysteme.

6.1 Einbindung verbesserter Gasdiagnostik in die Simulation

Die Simulation ist ein wesentlicher Bestandteil der Toolkette im Entwicklungsprozess von CNG-Verbrennungsmotoren. Durch ihre vielfältigen Anwendungsmöglichkeiten können Varianten analysiert und Potenziale aufgezeigt werden. Grundvoraussetzung für Simulationen ist eine validierte Datenbasis. Gleichzeitig hängt die Qualität der Simulationsergebnisse entscheidend vom verwendeten Simulationsmodell ab. Die verbesserte Gasdiagnostik dient als Analysewerkzeug für das Einblasesystem und liefert die erforderliche Datenbasis für den Aufbau des Modells sowie dessen Validierung.

Die Gemischaufbereitung im Brennraum ist entscheidend für die Brennver-fahrensentwicklung von CNG-Verbrennungsmotoren. Hierbei unterstützen gezielte Variationen der Einblaseparameter mittels 1D- und 3D-Simulation, wodurch verschiedene Szenarien prinzipiell untersucht und bewertet werden können. In diesem Kapitel wird ein 1D-Simulationmodell für Injektor A auf Basis des Simulationstools GT POWER herangezogen und die Datengrundlage aus den außermotorischen Gasdiagnostikanalysen für die Simulation herange-zogen. Die 1D-Simulation bildet im Anschluss die Randbedingungen für eine STAR-CD 3D-CFD-Simulation der Gaseinblasung, um ein tiefergehendes Verständnis der Einblasevorgänge zu erreichen.

Für die simulativen Untersuchungen werden die Betriebspunkte 1 bis 3 nach Tabelle 6.1 herangezogen.

Tabelle 6.1:   Betriebspunkte Injektor A für den Übertrag zwischen Gasdi-agnostik und Simulation

Betriebspunkt	Raildruck[bar]	Gegendruck [bar]	Ansteuerdauer [µs]
1,5 bar	7215 µs	3477 µs	1264 µs
2,0 bar	7010 µs	3265 µs	1260 µs
2,5 bar	6810 µs	3085 µs	1281 µs

Das 1D-Simulationsmodell bildet den Versuchsaufbau der verbesserten Gas-diagnostik ab, wobei sowohl die Kalte Kammer zur optischen Sprayanalyse wie auch die Neuauslegung der AirMexus Messkammer C (vgl. Kapitel 4.2) zur gasdynamischen Massendiagnostik in 1D-Modellen nachgestellt werden. Die Abbildung des Injektor-Nadelhubs, im Rahmen der Simulation, stellt eine spezielle Herausforderung dar. Nach BOHATSCH [16] kann der Nadelhub in einer gesonderten Versuchsumgebung ermittelt werden, allerdings zeigen die Erkenntnisse aus Kapitel 4 dieser Arbeit wie stark das dynamische Injektor-verhalten von den Randbedingungen abhängt. Vor diesem Hintergrund stellt

Abbildung 6.1 einen Ansatz vor, um den Nadelhub anhand der gasdynamischen Messergebnisse aus der verbesserten Gasdiagnostik abzuleiten und so die Qualität der 1D-Modellierung zu erhöhen.

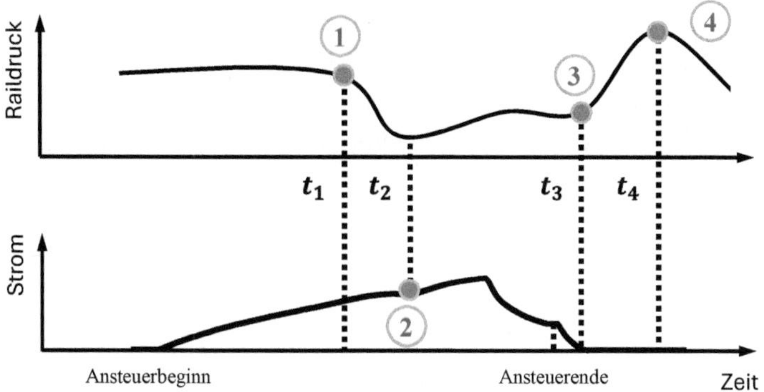

Abbildung 6.1: Schematische Darstellung zur Ableitung des Nadelhubs für den 1D-Simulationsprozess [22]

Die schematische Darstellung des Raildruckverlaufs sowie der Stromverlauf für den Magnet-Aktuator von Injektor A zeigt die charakteristischen Punkte 1 bis 4, welche das Öffnungs- und Schließverhalten des Injektors beschreiben. Bei Beginn der Ansteuerung wird Strom durch die Magnetspule des Injektors geleitet, was zur Bildung eines Magnetfeldes führt. Zu einem Zeitpunkt t_1 erfährt die Injektornadel als Anker des Aktuators eine ausreichende Magnetkraft, wodurch sich die Injektornadel aus ihrem Sitz hebt. Dabei wird ein Durchflussquerschnitt freigegeben, durch den das Gas beginnt auszuströmen, was zu einem charakteristischen Druckabfall im Raildruckverlauf führt (Punkt 1). Der Verzug zwischen elektrischem Ansteuerbeginn und tatsächlichem Einblasebeginn wird als Öffnungsverzug bezeichnet und kann auch messtechnisch mit Hilfe des Shot-to-Shot Massenmesssystems AirMexus ermittelt werden. Während des Öffnungsvorgangs bewegt sich der Anker durch die Spule des Magnet-Aktuators, wodurch sich deren Induktivität ändert. Dies führt in der weiteren Folge zur Abweichung des Stromverlaufs vom ansonsten typischen Exponentialverlauf. In dem Moment, wenn die Ankerbewegung durch den Anschlag der Nadel gestoppt wird, kommt es zu einem markanten Knickpunkt im Stromverlauf (Punkt 2) und der Öffnungsvorgang ist zum Zeitpunkt

t_2 vollständig abgeschlossen. An die beschriebene Öffnungsphase schließt sich die Phase des stationären Ausströmens an, bis sich der Injektor zum Zeitpunkt t_3 zu schließen beginnt. Die eingeleitete Reduzierung des Durchflussquerschnitts führt unmittelbar zu einem erkennbaren Raildruckanstieg (Punkt 3), dessen Maximum (Punkt 4) das Ende des Schließvorgangs zum Zeitpunkt t_4 markiert. Der beschriebene Ansatz ist anhand einer breiten Datenbasis validiert und ermöglicht allein anhand des zeitlich hochaufgelösten Raildruck- und Stromverlaufs, den Einblasevorgang zeitlich zu beschreiben. Die Erkenntnisse sind nach Abbildung 6.2 eingeflossen.

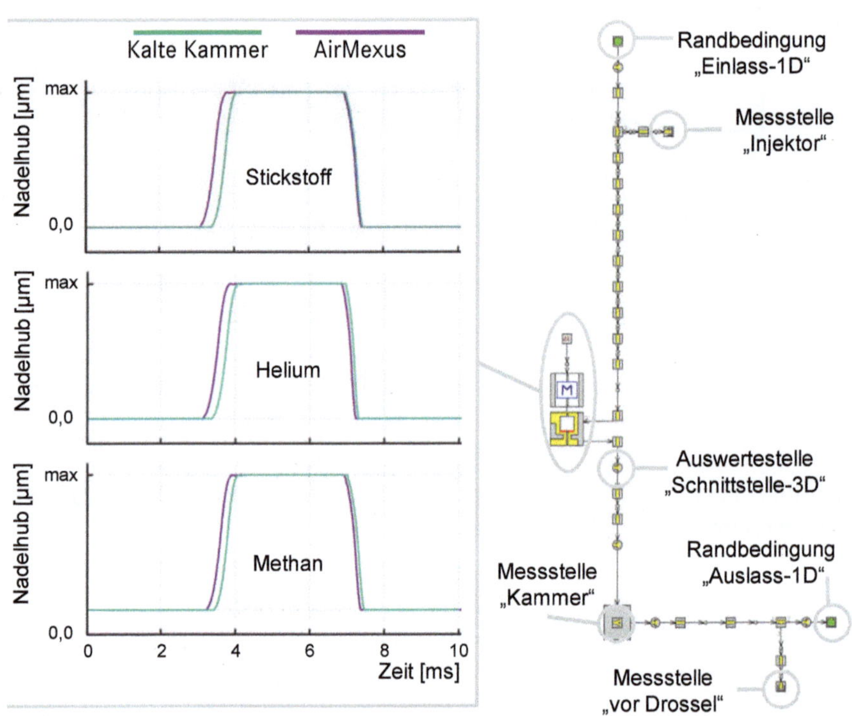

Abbildung 6.2: 1D-GT-Power-Simulationsmodell und Nadelbewegung aus verbesserter Gasdiagnostik für Kalte Kammer und AirMexus am Beispiel Betriebspunkt 2

Der Verlauf des Nadelhubs nach Abbildung 6.2 leitet sich nach dem zuvor beschriebenen Ansatz aus den Messsignalen je Betriebspunkt und Medium ab.

Dabei stammen die zusätzlichen Informationen zum maximalen Nadelhub hochgenauen CT-Aufnahmen und den Informationen des Herstellers. Zusätzlich zeigt die Darstellung rechts das schematische 1D-GT-Power-Simulationsmodell, welches auf Basis der CAD-Daten aufgebaut ist und sowohl für die Kalte Kammer wie das AirMexus Messaufbau erstellt wurde.

Der zeitliche Verlauf des Nadelhubs zeigt die in Kapitel 4.5 beschrieben Temperatureinflüsse. Im Gegensatz zur „Kalten Kammer" wird der Injektor im Messsystem „AirMexus" im Dauerbetrieb eingesetzt. Demzufolge verschiebt sich der Öffnungsbeginn im AirMexus aufgrund höherer Injektortemperaturen in Richtung früherer Zeitpunkte. Während das AirMexus als Shot-to-Shot Ratenmesssystem über den Massenstrom auch indirekte Informationen zum Nadelhub bereitstellt, sind Nadelhubverläufe im Messsystem der Kalten Kammer nur anhand des zuvor beschriebenen Ansatzes ermittelbar.

Neben dem Nadelhub werden die hochaufgelösten Druckverläufe an Messstellen vor dem Injektor sowie am Strömungsauslass des jeweiligen Messsystems gemessen und als Randbedingung in die 1D-Simulation eingebunden. Die 1D-Simulation liefert, aufbauend auf den außermotorischen Messdaten, die Randbedingungen für die 3D-CFD-Simulation.

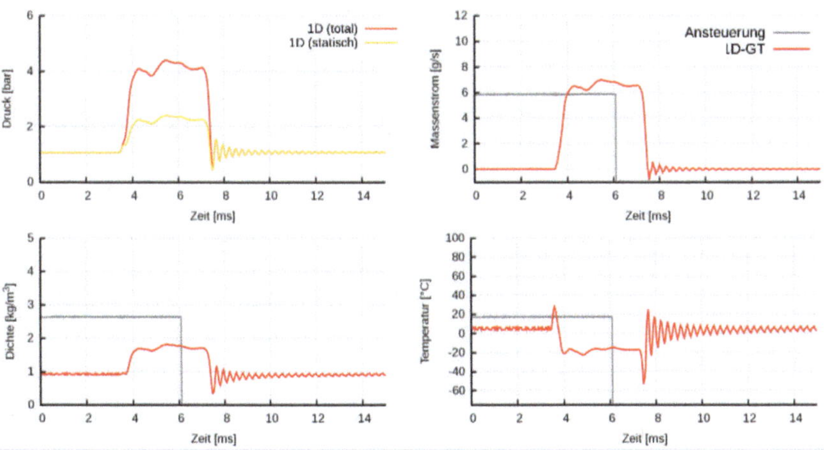

Abbildung 6.3: 1D-Simulationsergebnis aus dem GT-Power-Modell Kalte Kammer den Betriebspunkt 2 mit dem Versuchsmedium Methan

Abbildung 6.3 zeigt die Ergebnisse der 1D-Simulation am Beispiel für die Kalte Kammer und den Betriebspunkt 2 mit Methan als Einblasemedium. Die Ergebnisse sind gleichzeitig die Eingangsdaten für die 3D-CFD-Simulaton und bilden hochdynamische Vorgänge ab, die messtechnisch nicht erfasst werden können, wie dies am Beispiel des zeitlichen Temperaturverlaufs ersichtlich wird. Durch die verbesserte Gasdiagnostik, die neben der Variation zahlreicher Versuchsparameter insbesondere die Möglichkeit bietet verschiedene Strömungsmedien zu untersuchen, entsteht, wie in diesem Abschnitt aufgezeigt, eine breite Datengrundlage für gezielte Simulationen im Rahmen des CNG-Motorenentwicklungsprozesses.

6.1.1   Validierung von Simulationsmodellen mittels verbesserter Gasdiagnostik

Simulative Untersuchungen sind aufgrund ihrer vielfältigen Anwendungsmöglichkeiten insbesondere in den frühen Phasen ein wesentlicher Bestandteil der Toolkette im CNG-Motorenentwicklungsprozess. Dabei kann die verbesserte Gasdiagnostik die Grundlage für Simulationsmodelle bilden (vgl. Kapitel 6.1), darüber hinaus aber auch bei der Validierung der Modelle unterstützen. Dieser Abschnitt beschäftigt sich mit dem Abgleich von Simulationsergebnissen mit der optischen Strahlanalyse zur Validierung von Simulationsmodellen.

Für die Analyse von Einblasevorgängen liegen 1D- und 3D-Simulationsmodelle für den Saugrohrinjektor A vor, welche die Kalte Kammer zur optischen Sprayanalyse abbilden. Die 3D-Simulation liefert für die Zeitschritte der Simulation Stoff- und Strömungsgrößen, deren Interpretation und Validierung eine besondere Herausforderung darstellt. In Abbildung 6.4 wird für die Methaneinblasung in das 6000 cm³ große Volumen der Kalten Kammer der Dichtegradient dargestellt.

Abbildung 6.4: Auswertung der 3D-CFD-Simulation hinsichtlich Dichtegradient zum Zeitpunkt $t = 4{,}3\ ms$

Die Simulation betrachtet die Gaseinblasung als rotations-symmetrisches Problem, sodass die Ausrichtung und Orientierung der Ebene um die Rotationsachse bei der graphischen Auswertung vernachlässigt werden können. Alle ausgewerteten Bilder zeigen einen Schnitt durch den Mittelpunkt des Injektors auf der y-z-Ebene, die Blickrichtung ist in positiver x-Richtung.

Ein Abgleich der Schlieren-Aufnahmen mit den Ergebnissen der 3D-CFD Simulation erfordert eine Kalibrierung der Simulation auf die Sensitivitäten des Durchlicht Schlieren-Aufbaus, wie sie auch von WENTSCH in der Studie zur Analyse von CNG-Einblasungen mittels 3D-CFD Simulation vorgenommen wird. [42] Für die Kalibrierung der Simulation werden verschiedene ISO-Flächen dargestellt, die die Stoffkonzentration des einströmenden Mediums abbilden. Ein Abgleich verschiedener ISO-Flächen zeigt sehr gute Übereinstimmungen bei einer Stoffkonzentration von 5 %, was demnach die Sensitivität des Durchlicht Schlieren-Aufbaus nach Kapitel 5 beschreibt.

In einem weiteren Schritt wird die Analyse der Strahlkenngrößen aus Kapitel 5.3 anhand der ISO-Fläche mit einer Stoffkonzentration von 5 % ermittelt. Der Vergleich zwischen optischen Strahlkenngrößen aus Schlieren-Aufnahmen und Simulationsmodellen wird auch von PALTRINIERI zum Abgleich sowie zur Validierung der Simulationsergebnisse herangezogen. [41]

Die beiden Analyseschritte in Bezug auf die Kalibrierung der Simulation anhand der Stoffkonzentration von 5 % sowie die automatisierte Schlieren-Bildanalyse in Bezug auf die relevanten Strahlkenngrößen ist in Abbildung 6.6 dargestellt.

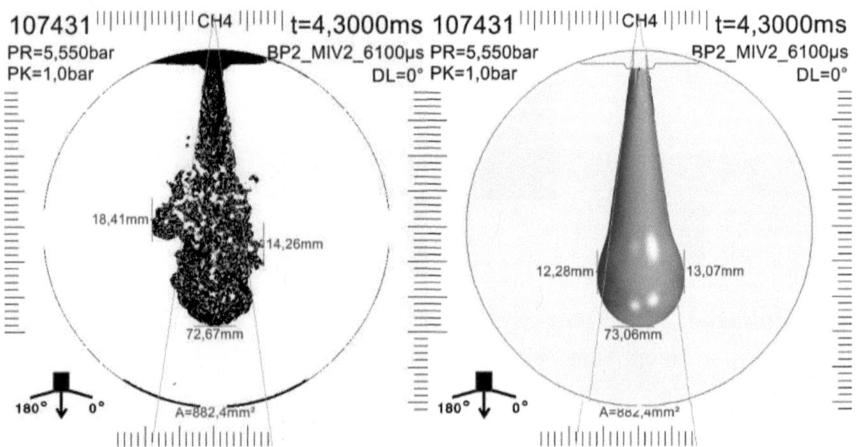

Abbildung 6.5: Kalibrierung des Simulationsmodells auf Basis der optischen Aufnahmen für BP2 für Methan mit der ISO-Fläche für 5 % Stoffkonzentration

Die Darstellung zeigt links das Binärbild der Schlieren-Aufnahme zum Zeitpunkt $t = 4,3\ ms$ in Bezug auf den Betriebspunkt 2 mit der Medienpaarung Methan in Stickstoff. Dem gegenüber ist rechts die ISO-Fläche für eine Stoffkonzentration von 5 % gestellt, die aus den Ergebnissen der 3D-CFD-Simulation zum Betriebspunkt 2 mit derselben Medienpaarung resultiert. Zum gewählten Zeitpunkt stellt sich ein bereits ausgebildeter Gasstrahl dar, dessen Strahlcharakteristika sehr gute Übereinstimmungen mit der gewählten ISO-Fläche zeigt.

Die in Kapitel 5.3 durchgeführte Medienvariation bietet die Datengrundlage für einen Ansatz zur Validierung der entwickelten Simulationsmodelle anhand von Strahlkenngrößen. Hierfür werden nachfolgend für die Betriebspunkte 1 bis 3 (vgl. Anhang) nach Tabelle 6.1 die Strahlkenngrößen für die Versuche mit Helium, Stickstoff und Methan aus Kapitel 5.2 herangezogen. Den optischen Strahlkenngrößen aus den Schlieren-Aufnahmen werden die der Simulation gegenübergestellt. Hierfür wurden Simulationen mit Helium, Methan und Stickstoff für die Betriebspunkte 1 bis 3 durchgeführt und ISO-Fläche bezogen auf die kalibrierte Stoffkonzentration von 5 % ausgewertet. Die Gegenüberstellung der Strahlkenngrößen erfolgt in Abbildung 6.6 für die Eindringtiefe, die Gesamtbreite, den Dreieckswinkel sowie die Fläche.

Für die optische Strahlkenngröße der Eindringtiefe zeigen sich für die drei Strömungsmedien Helium, Stickstoff und Methan ideale Übereinstimmungen zwischen den Schlieren-Aufnahmen und den ISO-Flächen der Simulation. Damit bestätigt sich der Einfluss der Schallgeschwindigkeit auf das Eindringverhalten des Gasstrahls in die Kalte Kammer, wenngleich die Gegendruckabhängigkeit der Eindringtiefe für BP3 (vgl. Anhang) geringe Abweichungen zwischen Simulation und optischer Strahlanalyse offenbart.

Die Strahlbreite als weitere Kenngröße zeigt in der frühen Phase der Gaseinblasung sehr hohe Übereinstimmungen für den Vergleich zwischen Strahldiagnostik und Simulation. Im späteren Verlauf der Gaseinblasung kommt es zu Abweichungen, wobei die Binärbilder der Schlieren-Aufnahmen ausgeprägtere Strukturen von Randwirbeln innerhalb der Gasströmung zeigen, als dies in der 3D-CFD-Simulation vorzufinden ist. Erneut zeigt sich, dass Helium insbesondere dafür geeignet ist Randstrukturen der Gaseinblasung zu visualisieren, die geringere Stoffkonzentrationen als 5 % aufweise, da diese in den ISO-Flächen der Simulation nicht berücksichtigt werden. Der Vergleich für zwischen Simulation und Schlieren-Aufnahme für Stickstoff zeigt, dass die Medienpaarung Stickstoff in Stickstoff keine ausreichende Qualität für die optische Strahldiagnostik zeigt, da mittels Durchlicht Schlieren-Aufbau keine Stoffkonzentrationen von 5 % messtechnisch erfasst werden können.

Für die den Öffnungswinkel, der sich als Dreieckswinkel aus den Bildinformationen im düsennahen Bereich ergibt, bildet die Simulation den charakteristischen Verlauf für die I-Düse des Injektors A ab, wenngleich es gewisse Abweichungen zu den Binärbildern der Schlieren-Aufnahmen gibt.

Zuletzt wird durch die Kenngröße der Fläche das prinzipielle Vorgehen zum Abgleich von Simulationsmodell mit optischer Strahlanalyse bestätigt. Die

ISO-Fläche der Stoffkonzentration bietet die Möglichkeit Simulationsergebnisse und reale Einblasevorgänge unter außermotorischen Randbedingungen in Beziehung zu setzen und zeigt insbesondere für die optisch wirksamen Medienpaarungen Helium bzw. Methan in Stickstoff sehr gute Ergebnisse.

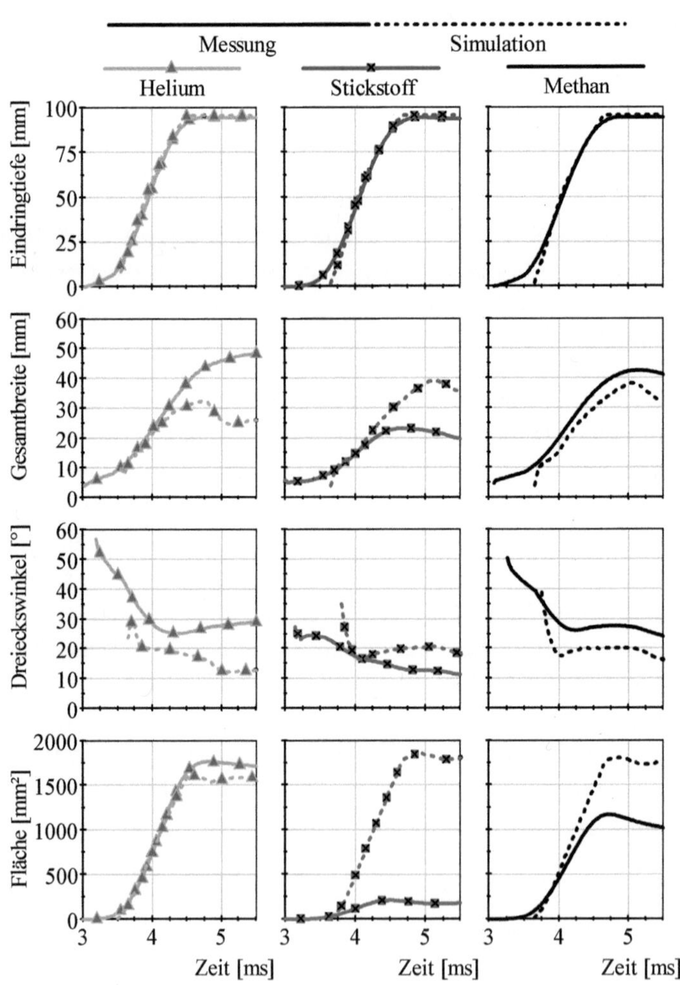

Abbildung 6.6: Ansatz zur Validierung des 3D-CFD-Simulationsmodells auf Basis der optischen Strahlkenngrößen nach Schlieren-Verfahren zu BP2

Der Validierung anhand optischer Strahlkenngrößen bringt auch die Fragen mit sich, inwieweit die Simulation die Interaktion mit der Strömungsumgebung abdecken kann. Hierbei sind der gegendruckabhängige Eindringverlauf sowie der Bereich der Randwirbel von besonderem Interesse für die eingesetzten Simulationsmodelle und gleichzeitig von hoher Bedeutung für den CNG-Motorenentwicklungsprozess.

In der Gegenüberstellung von Simulation und optischer Strahldiagnostik zeigen sich die zuvor diskutierten Chancen der simulativen Abbildung von Einblasevorgängen. Dabei ermöglicht es die 3D-CFD-Simulation in definierten Zeitschritten alle Stoffgrößen einer Gaseinblasung abzubilden, wogegen Schlieren-Aufnahmen reale Einblasevorgänge unter außermotorischen Randbedingungen visualisieren. Aufgrund der experimentellen Herausforderungen (vgl. Kapitel 5) und der bekannten Leistungsfähigkeit des Durchlicht Schlieren Verfahrens darf es nicht die Zielsetzung sein, Simulation und optische Strahldiagnostik konkurrierend zu betrachten. Vielmehr bietet die verbesserte optische Strahldiagnostik sowie der entwickelte Validierungsansatz die experimentelle Datengrundlage für leistungsfähige Simulationsmodelle. Als Ergebnis kann die optische Strahldiagnostik die Toolkette von außermotorischen Gasdiagnostikversuchen über die Simulation hin zu motorischen Versuchen stärken.

6.1.2 Validierung verbesserter Gasdiagnostik mittels 3D-CFD Simulationsmodell

Für die Analyse von Einblasevorgängen liegen 1D- und 3D-Simulationsmodelle für den Saugrohrinjektor A vor, welche neben der Kalten Kammer auch die Neuauslegung der AirMexus Messkammer abbilden. Ziel der Simulationsuntersuchungen in diesem Abschnitt ist es das verbesserte, gasdynamische Massendiagnostikverfahren mit der neu ausgelegten Messkammer C (vgl. Kapitel 4.2) nachzubilden, auftretende Phänomene zu visualisieren und das gasdynamische Massendiagnostikverfahren zu validieren.

Die Einflussanalyse zum Messkammerdruck aus Kapitel 4.2 resultierte in einer Neuauslegung der AirMexus Messkammer. Aus dem Bedarf eines größeren Messkammervolumens folgte auf Basis theoretischer Ansätze und einer umfangreichen empirischen Studie die Neuauslegung der Messkammer nach Variante 312, bei welcher der Injektor an der Zylinderwand, der Drucksensor und Ausfluss an den Zylinderdeckflächen positioniert sind.

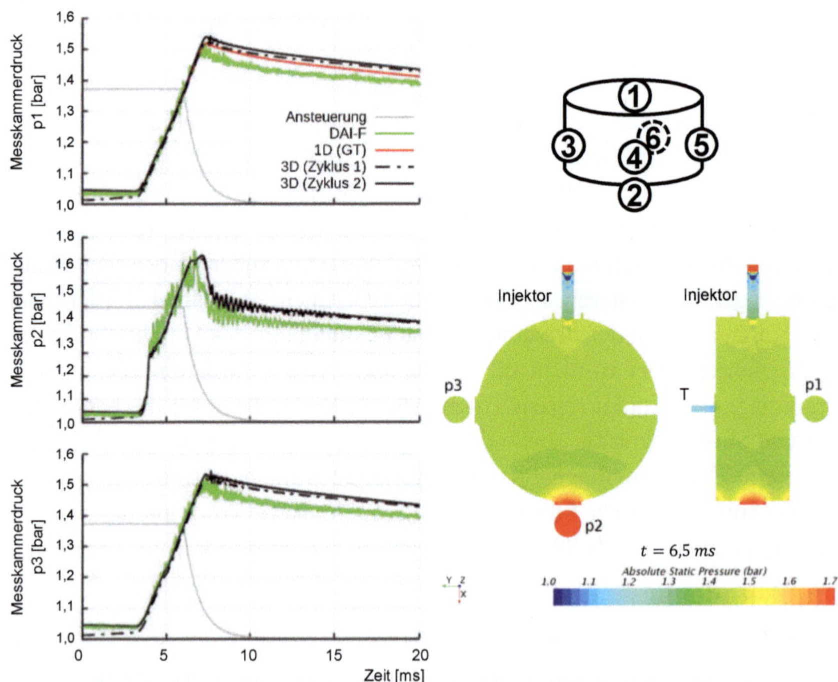

Abbildung 6.7: Simulationsergebnisse zum Messkammerdruckverlauf für die Messkammervariante 312 mit BP2 und Stickstoff

Abbildung 6.7 zeigt anhand der 1D und 3D-Simulationsergebnisse den Druckverlauf für die Messkammervariante 312, bei welcher der Injektor an der Zylinderwand, Drucksensor und Ausfluss an den Zylinderdeckflächen positioniert sind. Die dargestellten Druckverläufe bestätigen die theoretischen Überlegungen sowie die umfangreiche empirische Studie in Bezug auf die ideale Positionierung der Drucksensoren zur Ermittlung des Messkammerdrucks während der Gaseinblasung. Der Drucksensor p2 zeigt eine deutliche Drucküberhöhung, die gemäß den Ergebnissen der 3D-CFD-Simulation auf die Einbauposition gegenüber vom Injektor zurückzuführen ist. Aufgrund dieser Einbaulage wird der Drucksensor dem Staudruck des Einblasestrahls ausgesetzt und kann daher nicht zur Berechnung der Einblasemasse herangezogen werden. Die Drucksensoren p1 und p3 hingegen werden nicht direkt vom Strahl erfasst und messen daher nahezu den Mitteldruck in der Kammer. Betrachtet man den Druckverlauf in der Messkammer für eine Stickstoffeinblasung, so ist erkennbar, dass sich die Druckwelle deutlich besser entlang der zylindrischen Oberfläche, als über den Knick ausbreitet. Vor diesem Hintergrund bietet die Einbauposition 1 für den Drucksensor, analog den empirischen Ergebnissen aus Kapitel 4.2, die beste Positionierung. Die empirische Studie hat spezielle Herausforderungen in Bezug auf Messkammerresonanzen gezeigt, die im 3D-Modell nicht abgebildet werden können, da die Zeitschritte mit 0,1 µs nicht ausreichend fein gewählt sind.

Das Shot-to-Shot Massenmesssystem AirMexus baut auf dem Ansatz der Zeuch-Methode nach Kapitel (vgl. Kapitel 3.4.1) auf. Der Ansatz zur Bestimmung von zeitlichen Einblasemassenverläufen basiert in erster Linie auf dem hochaufgelösten Messkammerdrucksignal. Daneben wird die Einblasemasse durch den Isentropenexponenten sowie die Temperatur bestimmt. Auf Basis der durchgeführten Optimierungen lässt sich das Messkammerdrucksignal mit guter Qualität und hochaufgelöst erfassen, wogegen der Isentropenexponent sowie die Temperatur aufgrund fehlender Messmöglichkeiten über den Berechnungszeitraum als konstant angenommen werden. Die Grundlagen der Gasdynamik in Kapitel 2 zeigen, dass dies eine vereinfachte Annahme ist. Aus diesem Grund wird im Rahmen einer 3D-CFD-Analyse der Einfluss des Realgasverhaltens für die Strömungsmedien Stickstoff und Methan untersucht und der Einfluss auf das Massenmesssystem AirMexus bewertet. Hierzu werden in der 3D-CFD-Simulation das Volumenmittel von Isentropenexponent κ, Temperatur T und absolutem statischem Druck p in der Messammer C berechnet. Die zeitaufgelösten Größen bilden dann die Eingangsgrößen für den AirMexus Algorithmus zur Bestimmung der Einblaserate und -masse.

Abbildung 6.8 stellt in einem direkten Vergleich die Einblasemassenströme für das Testmedium Stickstoff gegenüber. Dabei ist in schwarz der Einblasemassenstrom aus der 3D-Berechnung dargestellt, dem gegenüber in blau der anhand des AirMexus Algorithmus berechnete Massenstrom. Die Gegenüberstellung erfolgt in vier Quadranten, wobei jeweils die Temperatur bzw. der Isentropenexponent als zeitlich konstant oder veränderlich angenommen wird. Der zeitliche Verlauf der Temperatur zeigt, im Vergleich zu den gemessenen

Werten, über den Zeitraum der Gaseinblasung eine starke Temperaturerhöhung, die aus dem kurzfristigen Druckanstieg in der Messkammer resultiert. Der Isentropenexponent zeigt hingegen nur eine geringe Veränderung.

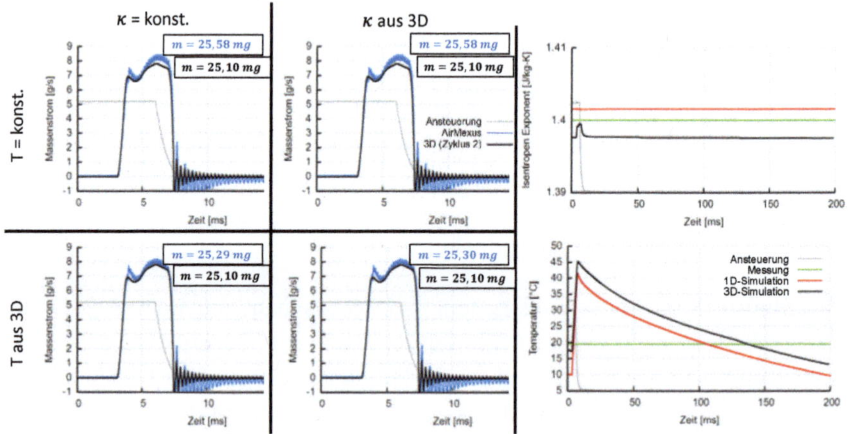

Abbildung 6.8: Einflussanalyse der gasdynamischen Massendiagnostik von Temperatur und Isentropenexponenten für den Betriebspunkt 2 mit Stickstoff

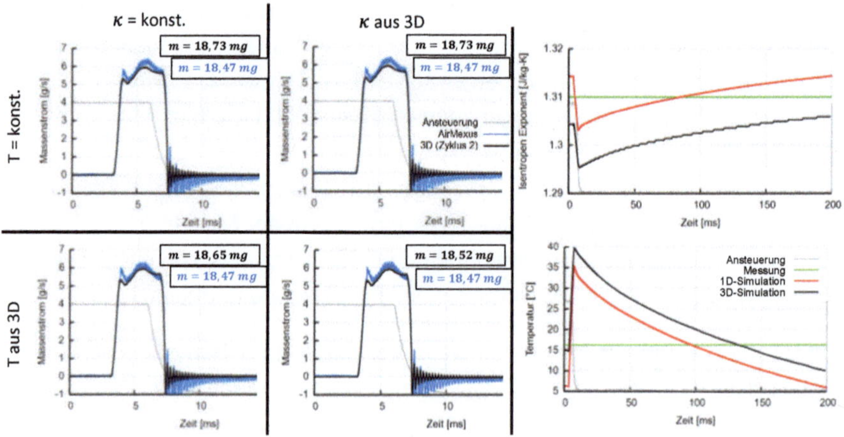

Abbildung 6.9: Einflussanalyse der gasdynamischen Massendiagnostik von Temperatur und Isentropenexponenten für den Betriebspunkt 2 mit Methan

Abbildung 6.9 stellt analog den Vergleich für das Testmedium Methan dar. Für Methan zeigt sich ein geringerer Temperatureinfluss, dafür eine stärkere Veränderung des Isentropenexponenten, was Methan im Vergleich mit Stickstoff ein stärkeres Realgasverhalten zuordnet.

Die Gegenüberstellung der Einblasemasse für Stickstoff sowie Methan zeigt, dass der dynamische Einfluss von Temperatur und Isentropenexponent die Einblasemasse in einem Bereich von 1 % beeinflusst. Es ist zu betonen, dass Stickstoff, trotz der zu beobachtenden Unterschieden im Realgasverhalten eine sehr hohe Vergleichbarkeit im Einblasemassenstromverlauf zeigt und sich vor diesem Hintergrund ideal als Ersatzmedium für die gasdynamische Massendiagnostik eignet. Die Annahme unveränderlicher Stoffgrößen führt für beide Testmedien zu einer Überschätzung der Einblasemasse. Die Einflussanalyse zeigt auch, dass der AirMexus Algorithmus aufgrund diskreter Berechnungsschritte grundsätzlich von der simulierten Einblasemasse abweicht. Darüber hinaus ist auch auf weitere Abhängigkeit im Berechnungsalgorithmus, wie bspw. das Kammervolumen, hinzuweisen. Dieser Tatsache kann jedoch durch eine Kalibrierung des AirMexus-Messsystems entgegnet werden.

Die hochdynamischen CNG-Einblasevorgänge können durch 3D-CFD-Simulationen beschrieben werden. Die Einflussanalyse von Realgasverhalten auf die verbesserte Gasdiagnostik benötigt jedoch eine Einordnung in den Kontext der CNG-Motorenentwicklung. Während hochdynamische Strömungsvorgänge messtechnisch nicht vollumfänglich erfasst werden können, ist die Einordnung der Messabweichung essenziell für die Beurteilung des Messmittels. Die vereinfachte Annahme für Temperatur und Isentropenexponent resultiert in einer Messabweichung, die kleiner ist als die Dosiergenauigkeit modernster CNG-Einblasesysteme, weshalb die verbesserte Massendiagnostik als wertvolles Messmittel im CNG-Motorenentwicklungsprozess einzustufen ist.

6.2   Übertrag außermotorischer Diagnostik auf motorische Versuche

Im Rahmen des CNG-Motorenentwicklungsprozesses besteht in verschiedenen Phasen der Bedarf an qualifizierter Gasdiagnostik. Bei der Auswahl, Weiterentwicklung und Einbindung des Einblasesystems spielt außermotorische Gasdiagnostik eine zentrale Rolle. Analog zur Diesel- und Otto- Einspritzdiagnostik eignen sich Einblasemassenkennfelder und Ratenmessungen zur Bewertung und Auswahl geeigneter Gasinjektoren. Dafür bietet das variable Laborkonzept und das erarbeitete Verständnis verschiedener Einflussfaktoren auf die Vorgänge der Gaseinblasung die Grundlage für den Übertrag außermotorischer Massendiagnostik auf motorische Versuche.

Die Grundlage für einen Übertrag bilden präzise gasdynamische Massenmesssysteme, die im Rahmen dieser Arbeit aufgegriffen und verbessert wurden. Abbildung 6.10 zeigt die Gegenüberstellung der verbesserten Gasdiagnostik auf Basis des Shot-to-Shot Massenmesssystems AirMexus sowie des kumulativen Coriolis-Massenmessers (vgl. Kapitel 3.2). Dabei sind die erarbeiteten Verbesserungen, insbesondere die Neuauslegung der Messkammer in die Versuche eingeflossen.

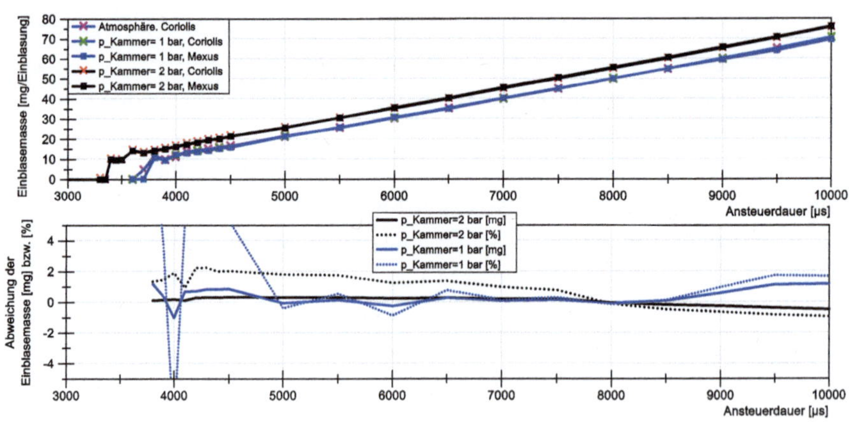

Abbildung 6.10: Abgleich zur Messgenauigkeit zwischen dem Shot-to-Shot Massenmesssystems AirMexus und dem kumulativen Coriolis-Massenmessgerät

Die Darstellung zeigt den Abgleich eines Massenkennfelds für Injektor A mit Ansteuerdauern zwischen 3000 und 10000 µs sowie einen Raildruck von $p_{Rail} = 7\ bar$. Der der Shot-to-Shot Massenmessung mittels AirMexus ist die kumulative Coriolis-Massenmessung gegenübergestellt. Der Abgleich berücksichtigt auf Basis der Erkenntnisse aus Kapitel 4.2 auch eine Gegendruckvariation, wobei zusätzlich eine Coriolis-Massenmessung unter atmosphärischen Druckbedingungen, außerhalb der AirMexus Messkammer durchgeführt wird. Ziel der Untersuchungen ist es den, trotz Messkammer-Neuauslegung, verbleibenden Druckanstieg im AirMexus in die Bewertung aufzunehmen.

Die mittels Coriolis und AirMexus ermittelten Einblasemassen zeigen eine hohe Vergleichbarkeit, die sich beim Abgleich der Massenabweichung widerspiegelt. Während Abweichungen im Kleinstmengenbereich im direkten Zusammenhang mit der Injektorperformance stehen, lassen sich im mittleren Mengenbereich sehr gute Übereinstimmungen von unter 2 % Abweichung erkennen. Damit zeigt das variable Laborkonzept mit dem gasdynamischen Massenmesssystem AirMexus eine sehr gute Messgenauigkeit, die für einen Übertrag der außermotorischen Untersuchungen auf motorische Versuche dienen soll.

Das variable Laborkonzept mit dem im Massenmesssystem AirMexus ermittelt Einblasemassen unter Verwendung des Testmediums Stickstoff. Die hohe Vergleichbarkeit zwischen Stickstoff und Methan Einblasungen wurde in Kapitel 6.1 simulativ bestätigt. Demnach lassen sich außermotorische Einblaseraten direkt in Motorfunktionen überführen und in Versuchen am Vollmotor validieren. Das AirMexus Shot-to-Shot Massenmesssystem bietet neben den Informationen in Bezug auf die Einblasmasse zusätzliche Informationen in Bezug auf das Öffnungs- und Schließverhalten des bewerteten Injektors.

Für den Übertrag der außermotorischen Messergebnisse auf motorische Untersuchungen steht ein Erdgas-Versuchsmotor zur Verfügung. Dabei handelt es sich um ein 4-Zylinder Entwicklungsaggregat der Mercedes-Benz AG, welches für Versuchszwecke, neben dem bestehenden Flüssigkraftstoffsystem, im Saugrohr mit vier Gasinjektoren ausgestattet wurde. Bei den Injektoren handelt es sich um Injektor A, der in dieser Arbeit bereits vielfach betrachtet wurde. Der Versuchsmotor verfügt über ein Abgasrückführsystem, worüber der Druck im Saugrohr geregelt werden kann. Die Gas-Raildruckregelung erfolgt mittels Fahrzeug-Druckregler. Für die Validierung der außermotorischen Messergebnisse am Vollmotor wird ein spezielles Messprogramm initiiert, welches den Fokus auf die Einblase-Randbedingungen legt.

Analog zur Einblasemassen-Kennfeldvermessung im Gasdiagnostiklabor werden am Vollmotor verschiedene Raildruckstufen angefahren und die Ansteuerdauer des Gasinjektors A variiert. Über die Abgasrückführung wird der Saugrohrdruck konstant bei 1,0 bar eingeregelt. Das zusätzlich am Versuchsmotor verfügbare Flüssigkraftstoffsystem ermöglicht es während der Versuchsreihe stabile Lastpunkte einzustellen und so belastbare Einblasemassen mittels Coriolis-Massenmesser zu bestimmen. Die Ergebnisse der Versuchsreihe sind in Abbildung 6.11 und 6.12 für Raildrücke von 3,0 bar bzw. 5,0 bar dargestellt. Weitere Ergebnisse für die Raildrücke von 4,0 bar und 6,5 bar sind im Anhang angefügt. Die Darstellung zeigt die Einblasemassenkennlinie für Stickstoff (N_2), die Masse an Methan (CH_4), die sich aus den außermotorischen Analysen im Gasdynamiklabor ableiten $m_{au\beta ermotorisch}$ sowie die am Vollmotor mittels Coriolis erfasste Masse an Methan $m_{motorisch}$.

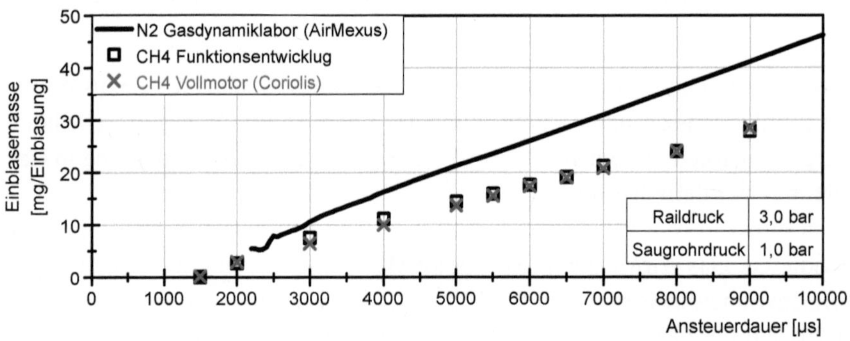

Abbildung 6.11: Qualitätsabgleich zum Übertrag außermotorischer Gasdiagnostik auf Vollmotoruntersuchungen für Injektor A mit $p_{Rail} = 3{,}0$ bar

Tabelle 6.2:　Einblasemassen zum Übertrag außermotorischer Gasdiagnostik auf Vollmotoruntersuchungen für Injektor A mit $p_{Rail} = 3{,}0$ bar

AD [µs]	$m_{außermotorisch}$ [mg]	$m_{motorisch}$ [mg]	Δ [mg]	Δ [%]
2000	2,75	2,93	0,18	6,55
3000	7,51	6,47	1,04	13,85
4000	11,17	10,02	1,15	10,3
5000	14,43	13,72	0,71	4,92
5500	15,92	15,53	0,39	2,45
6000	17,62	17,34	0,28	1,59
6500	19,12	19,02	0,1	0,52
7000	21,22	20,81	0,41	1,93
8000	24,08	24,1	0,02	0,08
9000	27,09	28,48	1,39	5,13

Im Rahmen der außermotorischen Untersuchungen wurde die Einblasemasse mittels verbesserter Massendiagnostik erfasst und ein Übertrag der außermotorischen Stickstoff-Gasmasse auf Erdgas nach Gleichung 6.1 vorgenommen.

$$\dot{m}_{Erdgas} = \dot{m}_{N2} \frac{\sqrt{\rho_{1,Erdgas}} \cdot \Psi_{Erdgas}(p_2, p_1)}{\sqrt{\rho_{1,N2}} \cdot \Psi_{N2}(p_2, p_1)} \qquad \text{Gl. 6.1}$$

Die Basis bietet die Massen- und Ausflussgleichung nach Kapitel 2.2.4. Der Gasmassenstrom $\dot{m}_{\text{Erdgas}}$ wird maßgeblich durch die Ausflussfunktion $\Psi_{\text{Erdgas}}(p_2, p_1)$ sowie die Dichte $\rho_{1,\text{Erdgas}}$ beeinflusst.

Abbildung 6.11 zeigt im Qualitätsabgleich zwischen außermotorischen und motorischen Untersuchungen sehr gute Übereinstimmungen in Bezug auf die Einblasemasse $\dot{m}_{\text{Erdgas}}$. Nach Tabelle 6.2 liegen die Abweichungen im Bereich mittlerer Einblasemassen unter 5 % und auch im Bereich kleinerer Einblasemassen im Bereich von 1 mg.

Die tiefgreifende Analyse aus Kapitel 4 zeigt, dass neben der Umwandlung der Stickstoff-Gasmasse in eine Erdgas-Gasmasse eine Vielzahl an weiteren Einflussfaktoren für einen erfolgreichen Übertrag auf motorische Untersuchungen erforderlich ist.

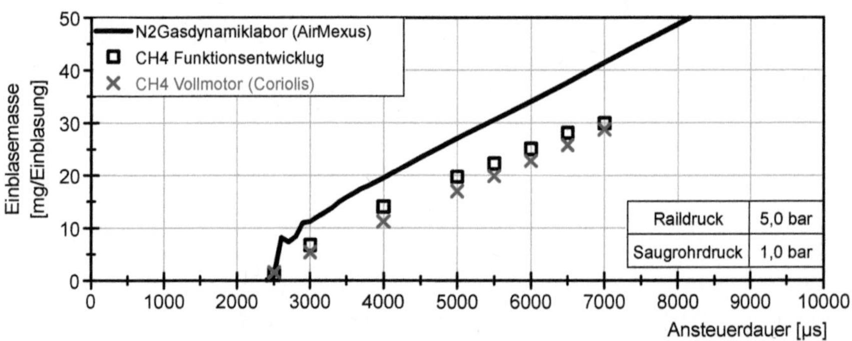

Abbildung 6.12: Qualitätsabgleich zum Übertrag außermotorischer Gasdiagnostik auf Vollmotoruntersuchungen für Injektor A mit $p_{\text{Rail}} = 5{,}0$ bar

Der Qualitätsabgleich für den Raildruck $p_{\text{Rail}} = 5{,}0$ bar zeigt hingegen größere Abweichungen, die sich auch in der Übersicht nach Tabelle 6.3 widerspiegeln. Die Abweichung zwischen der außermotorisch ermittelten Erdgasmasse und den Messergebnissen am Vollmotor weicht um bis zu 20 % ab.

Tabelle 6.3:   Einblasemassen zum Übertrag außermotorischer Gasdiagnostik auf Vollmotoruntersuchungen für Injektor A mit $p_{Rail} = 5{,}0$ bar

AD [μs]	$m_{außermotorisch}$ [mg]	$m_{motorisch}$ [mg]	Δ [mg]	Δ [%]
2500	1,06	1,57	0,51	48,11
3000	6,77	5,41	1,36	20,09
4000	14,03	11,24	2,79	19,89
5000	19,73	16,95	2,78	14,09
5500	22,3	19,88	2,42	10,85
6000	25,03	22,8	2,23	8,91
6500	28,13	25,8	2,33	8,28
7000	29,92	28,73	1,19	3,98

An dieser Stelle ist es wichtig, den Transfer außermotorischer Massendiagnostik auf motorische Versuche aus zwei Perspektiven zu betrachten. Zunächst verdeutlicht der Qualitätsabgleich insbesondere für dynamische Randbedingungen die Notwendigkeit eines tiefgreifenden Verständnisses der motorseitigen Anforderungen, welche umfangreichere motorische Untersuchungen erfordern. Darüber hinaus betonen die teilweise sehr guten Ergebnisse das Potenzial eines konsequenten Ansatzes zur Übertragung außermotorischer Gasdiagnostik auf motorische Entwicklungen.

6.3   Gasdynamische Analyse und Bewertung von CNG-Injektoren

Die verbesserte Gasdiagnostik bietet vor dem Hintergrund motornaher Randbedingungen die Möglichkeit zur detaillierten Analyse und Bewertung von CNG-Injektoren. Das im Rahmen dieser Arbeit verbesserte AirMexus Shot-to-Shot Einblaseraten- und Einblasemassenmesssystem bietet im Vergleich zu kumulativen Messmethoden die Möglichkeit, nicht nur das Einblasemassenkennfeld zu analysieren, sondern auch den zeitlichen Verlauf einzelner Einblasevorgänge. Darüber hinaus ermöglicht es die synchronisierte Messsignalerfassung der zentralen Einflussfaktoren (vgl. Kapitel 4) wie Raildruck, Messkammerdruck, Injektoransteuerung und Gastemperatur die außermotorischen Einblasekenngrößen mit motorischen Messungen in Beziehung zu setzen. Mit den Erkenntnissen dieser Arbeit lässt sich im Folgenden ein Ansatz beschreiben, um außermotorische Messergebnisse in die Toolkette des CNG-Motorenentwicklungsprozess einzubinden. Daraufhin wird ein innovativer und detaillierter Ansatz zur Bewertung und Analyse von CNG-Injektoren präsentiert.

Die Bestimmung der Einblaserate ist unter den Realbedingungen im Vollmotor messtechnisch nicht möglich, weshalb zum Übertrag innerhalb der Toolkette Messgrößen herangezogen werden, die sowohl bei außermotorischen Untersuchungen wie auch im Zielsystem erfasst werden können. Abbildung 6.13 zeigt die schematische Gegenüberstellung des Massenstroms eines realen Einblasevorgangs $\dot{m}_{real}$ und eines idealen Einblasevorgangs $\dot{m}_{ideal}$.

Der ideale Massenstrom $\dot{m}_{ideal}$, der sich unter der Annahme eines idealen und verlustfreien Gasinjektors aus dem Ansatz der Ausflussfunktion nach Kapitel 2.2 ergibt, ist in Gleichung 6.2 beschrieben. [22]

$$\dot{m}_{ideal} = \psi \cdot A \cdot \sqrt{2\rho_{Rail}p_{Rail}} \qquad \text{Gl. 6.2}$$

Dabei ergibt sich für einen idealen Injektor, dem ein verzugsfreies Öffnen und Schließen unterstellt wird, über die gesamte Einblasezeit der ideale

Massenstrom abhängig von der Ausflussfunktion ψ, dem Ausflussquerschnitt A, der Dichte ρ_{Rail} sowie dem Raildruck p_{Rail}.

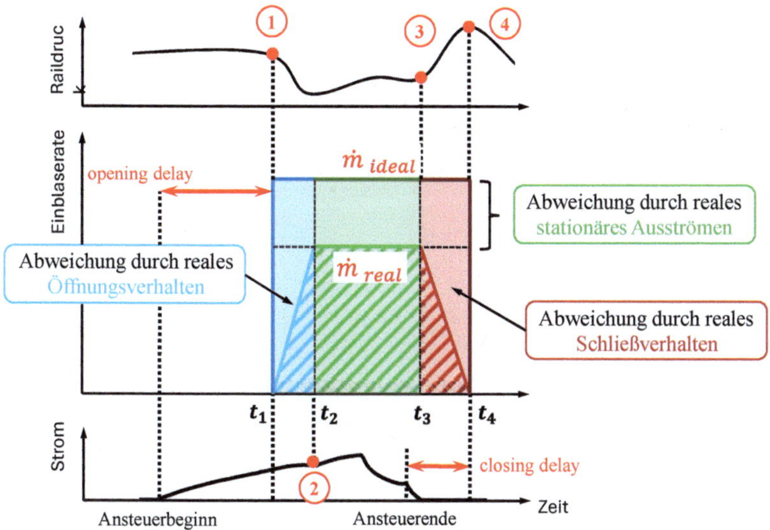

Abbildung 6.13: Schematische Gegenüberstellung eines real gemessenen Massenstroms sowie eines idealen Massenstroms [22]

Der reale Massenstrom weicht nach Gleichung 6.3 um den dimensionslosen Düsenverlustbeiwert c_D vom idealen Massenstrom ab. [22]

$$\dot{m}_{real} = c_D \cdot \dot{m}_{ideal}$$

Gl. 6.3

Wird der Einblasevorgang gemäß Abbildung 6.13 in die drei Phasen Injektor Öffnen ($c_{D,open}$), stationäres Ausströmen ($c_{D,static}$) und Injektor Schließen ($c_{D,close}$) unterteilt, lassen sich für jede Phase separate Düsenverlustbeiwerte definieren. Dabei erfolgt die Unterteilung anhand der in Kapitel 6.1 beschriebenen charakteristischen Punkte 1 bis 4 der Raildruck- und Strommesssignale, die den Einblasebeginn t_1, den Zeitpunkt der vollständigen Injektoröffnung t_2, den Injektorschließbeginn t_3 sowie das Einblaseende t_4 definieren. [22]

$$c_{D,open} = \frac{\int_{t_1}^{t_2} \dot{m}_{real}\, dt}{\int_{t_1}^{t_2} \dot{m}_{ideal}\, dt} \qquad \text{Gl. 6.4}$$

$$c_{D,static} = \frac{\int_{t_2}^{t_3} \dot{m}_{real}\, dt}{\int_{t_2}^{t_3} \dot{m}_{ideal}\, dt} \qquad \text{Gl. 6.5}$$

$$c_{D,close} = \frac{\int_{t_3}^{t_4} \dot{m}_{real}\, dt}{\int_{t_3}^{t_4} \dot{m}_{ideal}\, dt} \qquad \text{Gl. 6.6}$$

Die zeitlich gewichtete Mittelwertbildung nach Gleichung 6.7 liefert den Verlustbeiwert über den gesamten Einblaseverlauf $c_{D,total}$. [22]

$$c_{D,total} = \frac{c_{D,open} \cdot (t_2 - t_1) + c_{D,static} \cdot (t_3 - t_2) + c_{D,close} \cdot (t_4 - t_3)}{t_4 - t_1} \qquad \text{Gl. 6.7}$$

Anhand der Einblaseraten lässt sich der Verlustbeiwert in Bezug auf einen idealen Injektor bestimmen. Dadurch ist eine relative und absolute Bewertung des untersuchten Injektors möglich, unter Berücksichtigung aller im Gasdynamiklabor darstellbaren Einflussparameter. Darüber hinaus ermöglicht dieser Ansatz einen objektiven Vergleich unterschiedlicher Ratenverläufe durch aussagekräftige Kennzahlen. Nachfolgend ist in Abbildung 6.14 der Ansatz des Düsenverlustbeiwerts für Injektor B beispielhaft dargestellt.

Für die Berechnung des Düsenverlustbeiwerts wird die gemessene Einblaserate mit einer idealen Einblaserate in Beziehung gesetzt. Diese berechnet sich nach Kapitel 2.2.4 aus dem Injektor-Ausflussquerschnitt, den Stoffeigenschaften des Testmediums, sowie den im variablen Laboraufbau erfassten Messgrößen Raildruck und Messkammerdruck. Für die Gegenüberstellung der beiden Gaseinblasungen mit Injektor B für den Medienvergleich mit Methan und Stickstoff als Einblasemedium, zeigt der Ansatz des Düsenverlustbeiwerts, dass sich für den Injektor in Abhängigkeit vom Strömungsmedium

Unterschiede in der Öffnungs- und Schließphase ergeben. Die höheren Kennzahlen $c_{D,open} = 0,228$ und $c_{D,close} = 0,274$ für Stickstoff beschreiben eine steilere Öffnungs- und Schließflanke der Einblaserate.

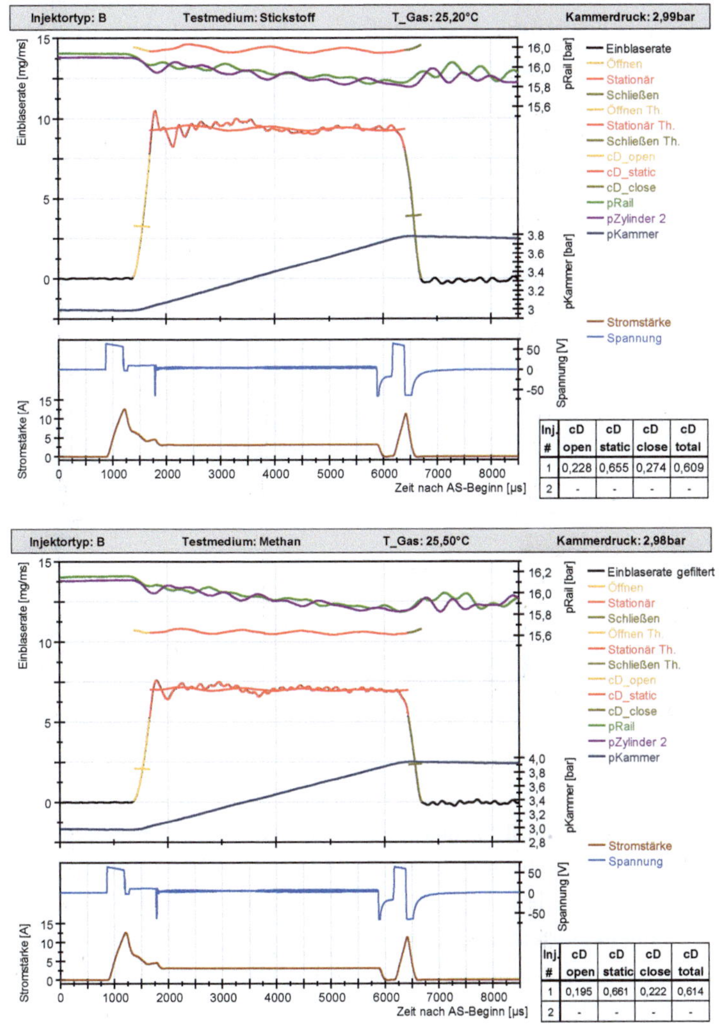

Abbildung 6.14: Düsenverlustbeiwert auf Basis der Einblaseratenmessung für Injektor B für einen Medienvergleich Stickstoff gegen Methan

Der Düsenverlustbeiwert wurde vor dem Hintergrund entwickelt, Einblasesysteme im Hinblick auf deren motorischen Einsatz zu bewerten und auszuwählen. Abbildung 6.15 zeigt daher ein Einblasemassenkennfeld für Injektor B. Das Kennfeld setzt sich aus einer Vielzahl an Einzeleinblasungen zusammen, die in einer Erstbewertung des Kennfelds keine zusätzlichen Informationen bieten. Analog zum Berechnungsansatz aus Abbildung 6.14 werden für jeden Messpunkt im Kennfeld die Düsenverlustbeiwerte in den verschiedenen Phasen bestimmt, so dass sich das erkennbare Düsenverlust-Kennfeld ergibt. In Abbildung 6.15 sind die Düsenverlustbeiwerte für die Öffnungsphase des nach außen öffnenden Injektors B dargestellt. Dabei wird ersichtlich, dass sich der nach außen öffnende Injektor mit steigendem Raildruck an das Öffnungsverhalten eines idealen Injektors annähert, was anhand der Kräftegleichgewichtsbetrachtung aus Kapitel 4.2 zu erwarten ist.

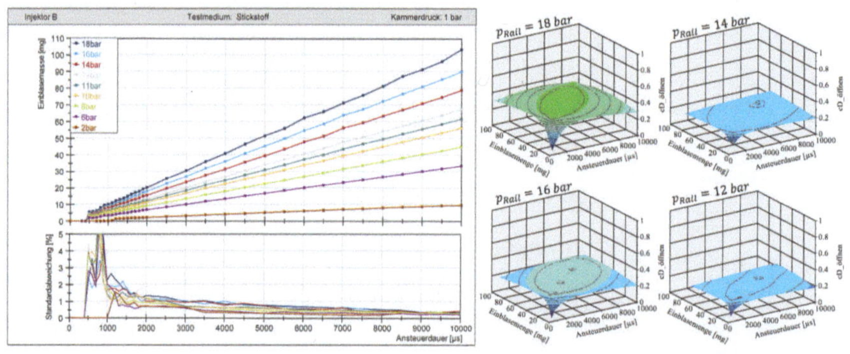

Abbildung 6.15: Einblasemassen-   (links)   und   Düsenverlust-Kennfeld (rechts) für Injektor B

Die Auswahl und Integration des Einblasesystems ist im Rahmen der Toolkette von zentraler Bedeutung, wobei das Gasdynamiklabor eine wesentliche Rolle spielt. Ähnlich wie bei der Diagnostik von Diesel- und Ottomotoren eignen sich Mengenkennfelder und Ratenmessungen zur Bewertung und Auswahl des geeigneten Einblasesystems. Der Verlustbeiwert ermöglicht eine Kennzahlbasierte Beurteilung von Injektoren, deren Nutzen erst zu beurteilen ist, sofern verschiedene Injektorkonzepte zu einer Beurteilung vorliegen.

7 Zusammenfassung und Ausblick

Die vorliegende Arbeit konzentriert sich auf die Entwicklung und Verbesserung von Gasdiagnostik für Einblasesysteme, wobei der Bedarf an detaillierten Analysemethoden für hochdynamische Einblasevorgänge adressiert wird. Das besondere Augenmerk liegt auf gasdynamischen Massen- und optischen Strahldiagnostikverfahren, die für die Integration in den Entwicklungsprozess von CNG-Motoren verbessert werden sollen.

Im Verlauf dieser Arbeit wurde ein grundlegendes Verständnis für hochdynamische Einblasevorgänge etabliert und zusätzlich ein fortschrittliches Laborkonzept entwickelt, das den aktuellen Stand der Technik repräsentiert und höchste Standards für reproduzierbare Messanalysen von Gasströmungen bietet.

Eine umfassende Einflussanalyse wurde durchgeführt, um Faktoren zu identifizieren, welche die gasdynamische Massendiagnostik oder die CNG-Einblasung beeinflussen. Dabei wurde die Bedeutung der gasdynamischen Massendiagnostik deutlich, da sie im Gegensatz zu kumulativen Messverfahren zusätzliche Einblicke in das dynamische Verhalten von CNG-Injektoren bietet. Die gewonnenen Erkenntnisse führten zu einer Neuauslegung des Shot-to-Shot Massenmesssystems und zu einer prinzipiellen Verbesserung hinsichtlich der Annäherung an motorische Randbedingungen. Obwohl sich die Einflussanalyse hauptsächlich auf Saugrohrinjektoren konzentrierte, lassen sich die identifizierten Effekte und Ansätze auf direkteinblasende Injektoren übertragen. Die detaillierte Analyse der verschiedenen Einflussfaktoren beschreibt Wirkbeziehungen, die auf physikalischen und thermodynamischen Prinzipien basieren. Die gewonnenen Erkenntnisse wurden in die fortlaufende Verbesserung der Gasdiagnostik integriert, wodurch das Laborkonzept kontinuierlich weiterentwickelt wurde und damit den Anspruch erhebt, außermotorische Untersuchungen auf motorische Analysen zu übertragen.

Durch eine systematische Verbesserung des Schlieren-Aufbaus sowie der Schlieren-Bildanalyse wurden Grundvoraussetzungen für die optische Strahldiagnostik von gasförmigen und hochdynamischen Vorgängen geschaffen.

Dabei zeigen die Ergebnisse Sensitivitäten des Durchlicht Schlieren-Verfahrens für Einblasevorgänge. Die umfangreichen Ergebnisse der Medienvariation von Helium, Stickstoff und Methan bieten die Datengrundlage für einen Übertrag der optischen Strahldiagnostik auf Simulationsmodelle und folglich die Einbindung in die Toolkette des CNG-Motorenentwicklungsprozesses.

Die verbesserte optische Strahldiagnostik und die daraus resultierende Datengrundlage an Schlieren-Aufnahmen bildete die Basis für den Aufbau und die anschließende Validierung von 1D- und 3D-Simulationsmodellen. Hierfür wurden 3D-Simulationsmodelle anhand von Schlieren-Aufnahmen kalibriert und mittels optischer Strahlkenngrößen und deren zeitlichen Verläufe validiert. Die somit in der Toolkette etablierten Simulationsmodelle wurden für eine kritische Bewertung der Messmethodik zur gasdynamischen Massendiagnostik herangezogen und die Einflüsse von Realgasverhalten für die verbesserte Gasdiagnostik in den Kontext der CNG-Motorenentwicklung eingeordnet.

Zuletzt wurde der Abgleich zwischen außermotorischen Massenmessungen und motorischen Versuchen angestellt und ein Ansatz zur kennzahlbasierten Beurteilung von direkteinblasenden Gasinjektoren vorgestellt.

Die Ergebnisse dieser Arbeit legen den Grundstein für die Integration gasdynamischer Massendiagnostik und optischer Strahldiagnostik in die Toolkette des CNG-Motorenentwicklungsprozesses. Die verbesserte Gasdiagnostik und die neu entwickelten Analyseansätze sollen nun in den Bereichen Simulation und Motorversuch implementiert werden, um die Potenziale einer ressourceneffizienten Entwicklung von CNG-Motoren zu nutzen. Zur weiteren Verbesserung der Übertragungsqualität von außermotorischen auf motorische Versuche sind Iterationsschleifen und Abgleiche mit Motorversuchen unerlässlich.

Die Arbeit schließt mit einem Ausblick auf die Zukunft gasförmiger Einblasesysteme, die stark von der Technologieoffenheit der gesetzlichen Rahmenbedingungen abhängt. Die Weiterentwicklung von Einblasesystemen kann einen wichtigen Beitrag zur Umweltverträglichkeit und Nachhaltigkeit des Straßenverkehrs leisten. Angesichts dieser Perspektive ergeben sich Möglichkeiten, die vorliegende Arbeit aufzugreifen und den Fokus auf Wasserstoff-Einblasesysteme zu richten.

Literaturverzeichnis

[1] *Amtsblatt L 282/2016*. [Online]. Available: https://eur-lex.europa.eu/legal-content/DE/TXT/HTML/?uri=OJ:L:2016:282:FULL&from=FR (accessed: Mar. 5 2024).

[2] Europäische Kommission, *The European green deal*. Brussels: European Commission, 2019. [Online]. Available: https://eur-lex.europa.eu/resource.html?uri=cellar:b828d165-1c22-11ea-8c1f-01aa75ed71a1.0002.02/DOC_2&format=PDF

[3] Europäische Kommission, *VERORDNUNG DES EUROPÄISCHEN PARLAMENTS UND DES RATES: über die Typgenehmigung von Kraftfahrzeugen und Motoren sowie von Systemen, Bauteilen und selbstständigen technischen Einheiten für diese Fahrzeuge hinsichtlich ihrer Emissionen und der Dauerhaltbarkeit von Batterien (Euro 7) und zur Aufhebung der Verordnungen (EG) Nr. 715/2007 und (EG) Nr. 595/2009.* [Online]. Available: https://eur-lex.europa.eu/legal-content/DE/TXT/?uri=CELEX:52022PC0586

[4] P. Office, "Verordnung (EU) 2019/ des europäischen parlaments und des rates vom 20. Juni 2019 zur Festlegung von CO2-Emissionsnormen für neue schwere Nutzfahrzeuge und zur Änderung der Verordnungen (EG) Nr. 595/2009 und (EU) 2018/956 des Europäischen Parlaments und des Rates sowie der Richtlinie 96/53/EG des Rates," [Online]. Available: https://eur-lex.europa.eu/legal-content/DE/TXT/PDF/?uri=CELEX:32019R1242&from=DE

[5] R. O. Harthan *et al.*, *Projektionsbericht 2023 für Deutschland: Gemäß Artikel 18 der Verordnung (EU) 2018/1999 des Europäischen Parlaments und des Rates vom 11. Dezember 2018 über das Governance-System für die Energieunion und für den Klimaschutz, zur Änderung der Verordnungen (EG) Nr. 663/2009 und (EG) Nr. 715/2009 des Europäischen Parlaments und des Rates sowie §10 (2) des Bundes-Klimaschutzgesetzes.* Dessau-Roßlau: Umweltbundesamt, 2023. [Online]. Available: http://nbn-resolving.org/urn:nbn:de:gbv:3:2-981872

[6] R. van Basshuysen and R. Flierl, *Erdgas, erneuerbares Methan und E-Kraftstoffe für den Fahrzeugantrieb: Monovalente und gemischte*

Verbrennung von gasförmigen und flüssigen Kraftstoffen – Wege zu einer breiten klimaneutralen Mobilität, 2nd ed. Wiesbaden: Springer Fachmedien Wiesbaden; Imprint: Springer Vieweg, 2023. [Online]. Available: https://permalink.obvsg.at/

[7] "„Die Zeit ist reif für neue Generationen von Kraftstoffen"," *MTZ Motortech Z,* vol. 77, no. 4, pp. 24–27, 2016, doi: 10.1007/s35146-016-0022-7.

[8] gibgas medien, *SNG - Synthetic Natural Gas: Der Energiewende-Kraftstoff.* [Online]. Available: https://www.gibgas.de/Wissen/SNG---Synthetic-Natural-Gas?id=15 (accessed: Mar. 10 2024).

[9] P. Office, "VERORDNUNG (EU) 2019/ 631 DES EUROPÄISCHEN PARLAMENTS UND DES RATES - vom 17. April 2019 - zur Festsetzung von CO2-Emissionsnormen für neue Personenkraftwagen und für neue leichte Nutzfahrzeuge und zur Aufhebung der Verordnungen (EG) Nr. 443/ 2009 und (EU) Nr. 510/ 2011," [Online]. Available: https://eur-lex.europa.eu/legal-content/DE/TXT/PDF/?uri=CELEX:32019R0631&from=EN

[10] D. Rist, *Dynamik realer Gase.* Berlin, Heidelberg: Springer Berlin Heidelberg, 1996.

[11] D. Surek and S. Stempin, *Technische Strömungsmechanik.* Wiesbaden: Springer Fachmedien Wiesbaden, 2017.

[12] M. Dehli, E. Doering, and H. Schedwill, *Grundlagen der Technischen Thermodynamik.* Wiesbaden: Springer Fachmedien Wiesbaden, 2023.

[13] Y. Pistun, F. Matiko, and O. Masnyak, "Simplified Method for Calculation of the Joule-Thomson Coefficient at Natural Gas Flowrate Measurement," *Energy eng. control syst.,* vol. 1, no. 2, pp. 127–132, 2015, doi: 10.23939/jeecs2015.02.127.

[14] G. P. Merker and R. Teichmann, *Grundlagen Verbrennungsmotoren.* Wiesbaden: Springer Fachmedien Wiesbaden, 2014.

[15] K. Reif, *Grundlagen Fahrzeug- und Motorentechnik.* Wiesbaden: Springer Fachmedien Wiesbaden, 2017.

[16] S. Bohatsch, "Ein Injektorkonzept zur Darstellung eines ottomotorischen Brennverfahrens mit Erdgas-Direkteinblasung," Universität Stuttgart, 2011.

[17] J. Kiefer, J.-F. Preuhs, and G. Hoffmann, "Entwicklung von direkt einspritzenden Erdgasinjektoren (DI-CNG) bei Delphi," in *10. Tagung*

Gasfahrzeuge - Tagungsband, Haus der Wirtschaft Stuttgart, 2015, pp. 331–350.

[18] G. Wiegleb, *Gasmesstechnik in Theorie und Praxis*. Wiesbaden: Springer Fachmedien Wiesbaden, 2016.

[19] IAV Automotive Engineering, *IAV Injection Analyzer*. [Online]. Available: https://www.iav.com/sites/default/files/120229_injection_analyzer_de_web.pdf (accessed: Jan. 26 2017).

[20] W. Zeuch, "Neue Verfahren zur Messung des Einspritzgesetzes und der Einspritzregelmäßigkeit von Diesel-Einspritzpumpen," *MTZ Motorechnische Zeitschrift*, vol. 1961, no. 22, pp. 344–349, 1961.

[21] D. Backofen, R. Marohn, and P. Rolke, "Beschreibung der Einblascharakteristik von Gasinjektoren mit dem IAV Injection Analyzer," in *Proceedings, 9. Tagung Diesel- und Benzindirekteinspritzung 2014*, H. Tschöke, Ed., Wiesbaden: Springer Fachmedien Wiesbaden, 2015, pp. 93–107.

[22] P. Sayer, T. Hergemöller, and M. Bargende, "Neuartige Gasdiagnostiktools im CNG Motorenentwicklungsprozess," in *Proceedings, 10. Tagung Diesel- und Benzindirekteinspritzung 2016*, H. Tschöke and R. Marohn, Eds., Wiesbaden: Springer Fachmedien Wiesbaden, 2017, pp. 469–489.

[23] C. Ungaro and T. Buono, "Method for measuring the instantaneous flow of an injector for gaseous fuels," US7930930 B2, USA US 12/626,709, Apr 26, 2011.

[24] W. Wuest, *Strömungsmeßtechnik: Lehrbuch für Aerodynamiker, Strömungsmaschinenbauer Lüftungs- und Verfahrenstechniker ab 5. Semester*. Wiesbaden, s.l.: Vieweg+Teubner Verlag, 1969. [Online]. Available: http://dx.doi.org/10.1007/978-3-663-04532-8

[25] G. S. Settles, *Schlieren and shadowgraph techniques: Visualizing phenomena in transparent media*. Berlin, Heidelberg, New York: Springer, 2001. [Online]. Available: http://http//ebookcentral.proquest.com/lib/bauhaus/detail.action?docID=3089194

[26] F. Rodriguez Verdugo, "AirMexus: a shot-to-shot device for testing CNG injectors," Novi, MI (USA), Oct. 28 2014.

[27] P. Sayer, T. Hergemöller, and M. Bargende, *Die Bedeutung verbesserter Gasdiagnostik für den CNG Motorenentwicklungsprozess: 13. Tagung*

Gasfahrzeuge. Stuttgart: FKFS Forschungsinstitut für Kraftfahrzeugwesen und Fahrzeugmotoren Stuttgart, 2019.

[28] M. Schumacher and M. Wensing, "Investigations on an Injector for a Low Pressure Hydrogen Direct Injection," in *SAE 2014 International Powertrain, Fuels & Lubricants Meeting*, 2014.

[29] J. Schmidt, "Kritische Massenströme durch Düsen, Ventile und Rohreinbauten," in *Springer Reference Technik, Handbuch Vakuumtechnik*, K. Jousten, Ed., Wiesbaden: Springer Fachmedien Wiesbaden, 2017, pp. 1–34.

[30] Francisco Rodriguez Verdugo, *Study to change the geometry of the Air-Mexus chamber: Interner Bericht*.

[31] Francisco Rodriguez Verdugo, *Study to change the geometry of the Air-Mexus chamber: Interner Bericht*. Roadmap Mexus A1b - Test a larger chamber.

[32] Francisco Rodriguez Verdugo, *Study to change the geometry of the Air-Mexus chamber: Interner Bericht*.

[33] Batronix GmbH & Co. KG, *Herstellerinformationen Pico Technology PicoScope 4824A*.

[34] D. Seboldt, D. Lejsek, and M. Bargende, "Experimental study on the impact of the jet shape of an outward-opening nozzle on mixture formation with CNG-DI," in *Proceedings, 16. Internationales Stuttgarter Symposium*, M. Bargende, H.-C. Reuss, and J. Wiedemann, Eds., Wiesbaden: Springer Fachmedien Wiesbaden, 2016, pp. 1295–1313.

[35] D. Meena, R. Sharma, A. Khandelwal, P. S. Jadhav, and D. Pai, "Effect of Natural Gas Composition and Rail Pressure on Injector Performance," in *SAE Technical Paper Series*, Pune, India, 2024.

[36] K. Rensing, *Experimentelle Analyse der Qualität außermotorischer Einspritzverlaufsmessungen und deren Übertragbarkeit auf motorische Untersuchungen*. Wiesbaden: Springer Vieweg, 2018.

[37] N. B. Hung and O. Lim, "Optimization of Dynamic Performance of a Solenoid Actuator in a CNG Injector Based on the Effects of Key Design Parameters," *Int. J Automot. Technol.*, 2024, doi: 10.1007/s12239-024-00050-6.

[38] J. Lacey *et al.*, "An Optical and Numerical Characterization of Directly Injected Compressed Natural Gas Jet Development at Engine-Relevant Conditions," in *SAE Technical Paper Series*, 2019.

[39] P. Sayer, T. Hergemöller, L. Herrmann, and M. Bargende, *Optische Sprayanalyse von CNG-Injektoren mittels Hochgeschwindigkeits-Schlierenverfahren als Entwicklungstool für Injektor-Simulationsmodelle zur Analyse von Gemischbildungsvorgängen: 12. Tagung Gasfahrzeuge.* Stuttgart: FKFS Forschungsinstitut für Kraftfahrzeugwesen und Fahrzeugmotoren Stuttgart, 2017.

[40] VDI-Gesellschaft Verfahrenstechnik und Chemieingenieurwesen, *VDI-Wärmeatlas: Mit 320 Tabellen,* 11th ed. Berlin, Heidelberg: Springer Vieweg, 2013.

[41] S. Paltrinieri *et al.,* "Experimental and Numerical Investigation of Hydrogen Injection and its Preliminary Impact on High Performance Engines Development," in *SAE Technical Paper Series*, Detroit, Michigan, United States, 2023.

[42] M. Wentsch, M. Chiodi, M. Bargende, D. Seboldt, and D. Lejsek, "3D-CFD analysis on scavenging and mixture formation for CNG direct injection with an outward-opening nozzle," in *Proceedings, 16. Internationales Stuttgarter Symposium*, M. Bargende, H.-C. Reuss, and J. Wiedemann, Eds., Wiesbaden: Springer Fachmedien Wiesbaden, 2016, pp. 1315–1333.

Anhang

A1. Optische Sprayanalyse Medienvergleich BP1

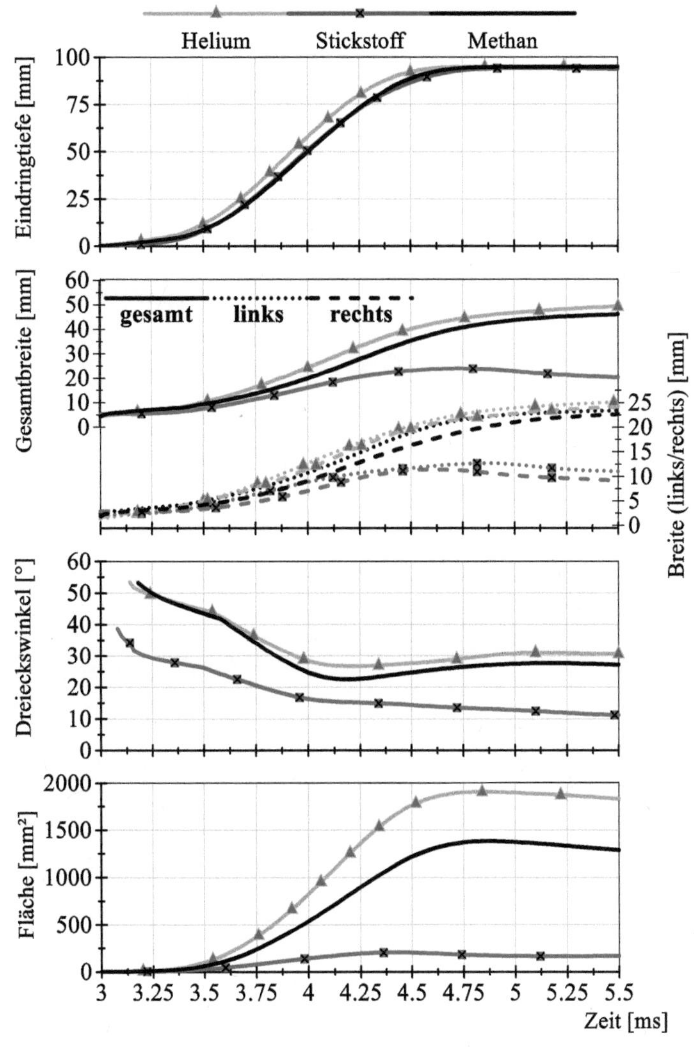

A2. Optische Sprayanalyse Medienvergleich BP3

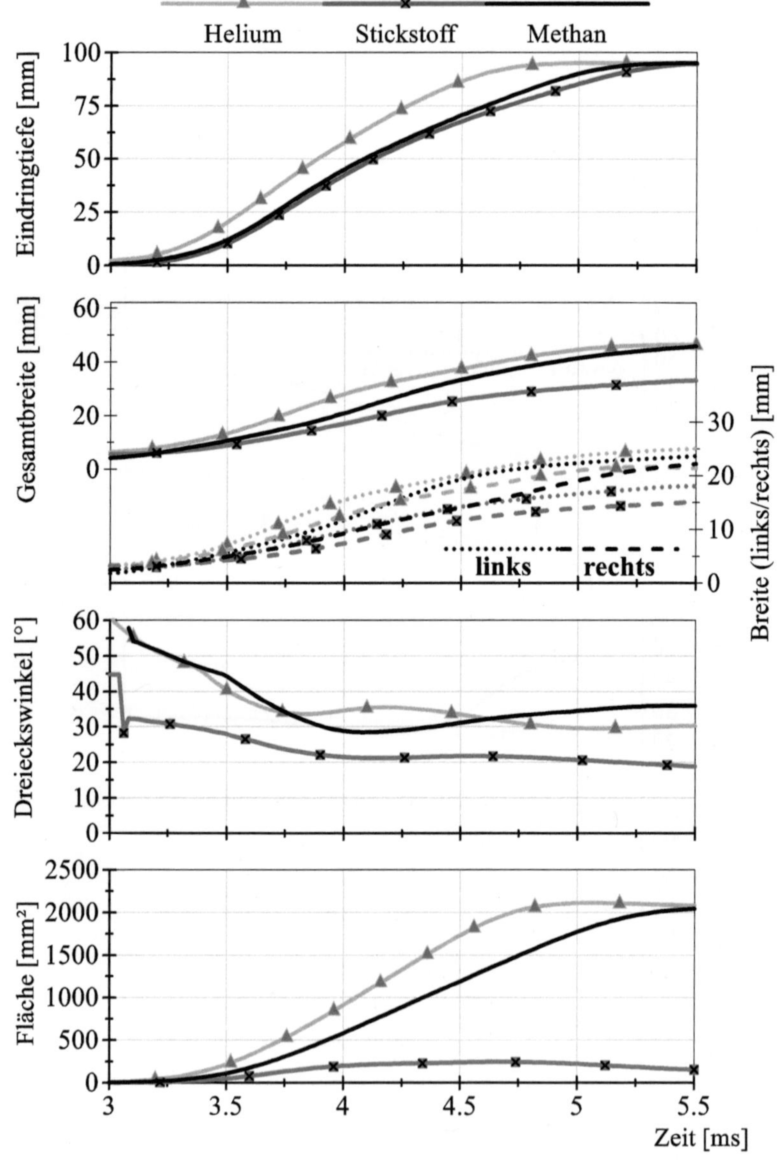

A3. Optische Sprayanalyse Medienvergleich Abgleich Simulation und Messung BP1

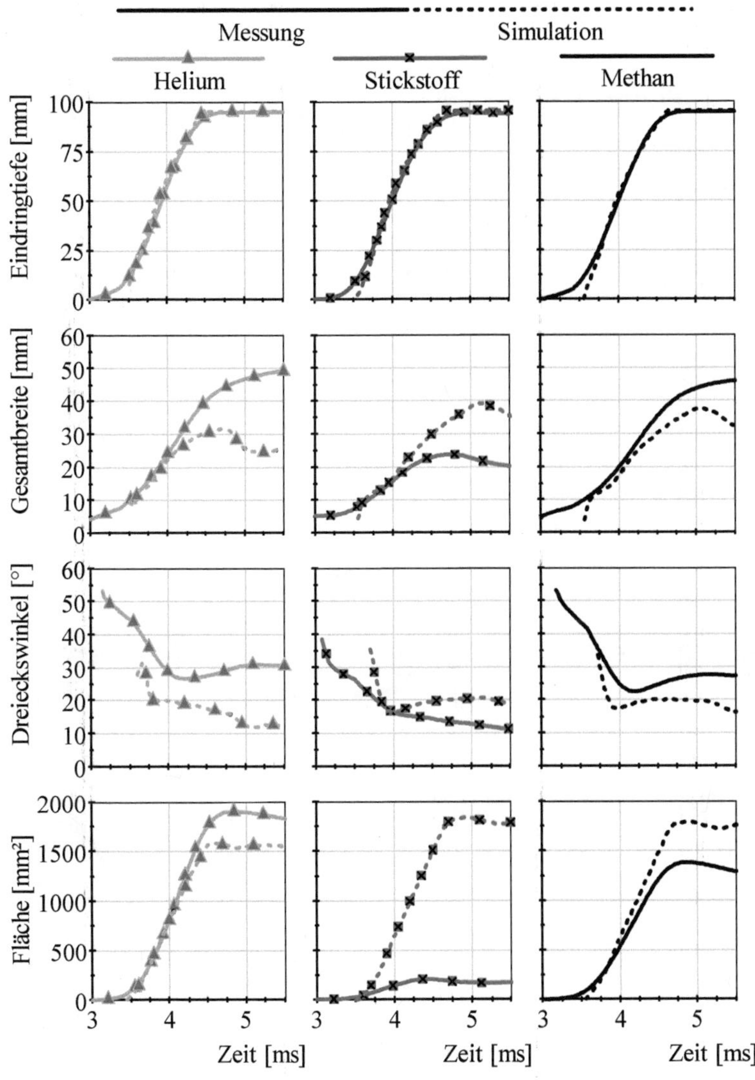

A4. Optische Sprayanalyse Medienvergleich Abgleich Simulation und Messung BP3

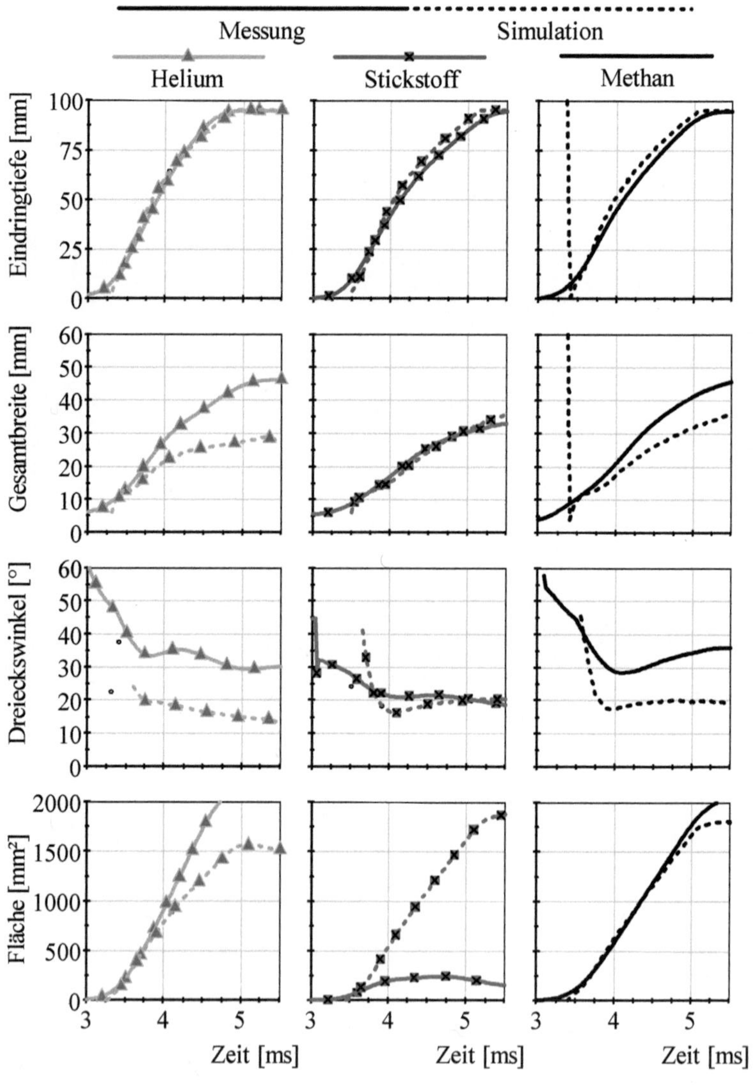

A5. Qualitätsabgleich zum Übertrag außermotorischer Gasdiagnostik auf Vollmotoruntersuchungen für Injektor A mit p_Rail=4,0 bar

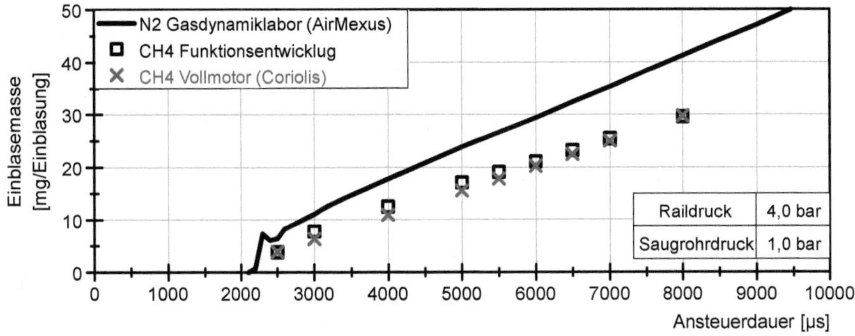

A6. Qualitätsabgleich zum Übertrag außermotorischer Gasdiagnostik auf Vollmotoruntersuchungen für Injektor A mit p_Rail=6,0 bar

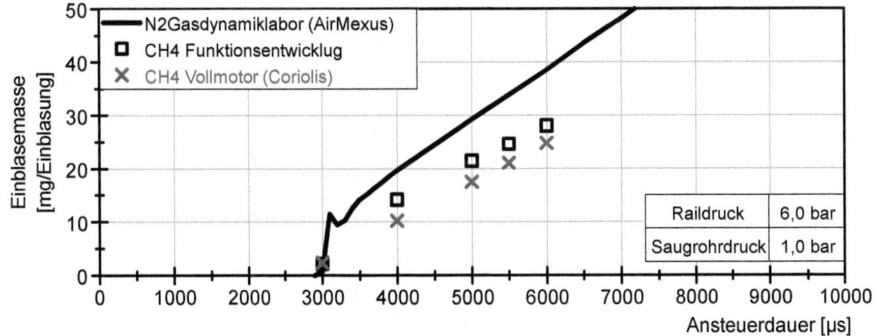